Osprey New Vanguard
オスプレイ・ミリタリー・シリーズ

世界の軍艦イラストレイテッド
6

ドイツ海軍の駆逐艦 1939-1945

[著]
ゴードン・ウィリアムソン
[カラー・イラスト]
イアン・パルマー
[訳]
手島 尚

German Destroyers 1939-45

Text by
Gordon Williamson
Colour Plates by
Ian Palmer

大日本絵画

目次 contents

頁	和文 / English
3	前書き / INTRODUCTION
4	武装 / ARMAMENT
7	レーダー / Radar
9	塗装とカムフラージュ / COLOUR SCHEMES AND CAMOUFLAGE
10	艦名 / SHIP'S NAMES
12	駆逐艦部隊組織 / ORGANISATION
13	1934型 レーベレヒト・マース級 / TYPE 34 LEBERECHT MAAS CLASS
15	1934A型 パウル・ヤコビ級 / TYPE 34A PAUL JACOBI CLASS
19	1936型 ディーター・フォン=レーダー級 / TYPE 36 DIETHER VON ROEDER CLASS
21	1936A型 Z23級 / TYPE 36A Z23 CLASS
24	1936A(MOB) Z31級 / TYPE 36A (MOB) Z31 CLASS
34	1936B(MOB)型 Z35級 / TYPE 36B (MOB) Z35 CLASS
36	第二次大戦中の作戦行動 / WARTIME SERVICE
47	戦利品の駆逐艦 / FOREIGN DESTROYERS
25	カラー・イラスト
48	カラー・イラスト 解説

◎著者紹介

ゴードン・ウィリアムソン
Gordon Williamson
1951年生まれ。現在はスコットランド土地登記所に勤務している。彼は7年間にわたり憲兵隊予備部隊に所属し、ドイツ第三帝国の勲章と受勲者についての著作をいくつか刊行し、雑誌記事も発表している。彼はオスプレイ社の第二次世界大戦に関する刊行物のいくつかの著作を担当している。

イアン・パルマー
Ian Palmer
3Dデザインの学校を卒業し、多くの出版物のイラストを担当してきた経験の高いデジタル・アーティスト。その範囲はジェームズ・ボンドのアストン・マーチンのモデリングから月面着陸の場面の再現にまでわたっている。彼と夫人は猫3匹と共にロンドンで暮らし、制作活動を続けている。

ドイツ海軍の駆逐艦 1939-1945
German Destroyers 1939-45

INTRODUCTION
前書き

　1919年4月、ドイツ政府は皇帝の時代の帝国海軍に代わる新しい海軍、ドイツ海軍（Reichsmarine〈ライヒスマリーネ〉）の創設を定める法律を制定した。

　ドイツ海軍の誇りだった大洋艦隊〈ホッホゼーフロッテ〉はスカパ・フローの英国海軍の泊地に航行するよう連合軍によって命じられていた。6月21日、その泊地でヴェルサイユ条約の最終的な条件を知らされた後、ドイツの艦長たちは各自の艦が連合国に使用されることになるのを防ぐため、自沈処分せよと艦隊司令長官、フォン＝ロイター少将から命じられた。スカパ・フローで艦隊が自沈したことに怒った連合国は、単純な報復のために、残っているドイツの艦の大半を押収した。その結果、一時はその時代の最も新型で強力な艦の保有を誇っていた強大なドイツ海軍は、軽巡洋艦と旧式な前ドレッドノート級戦艦を雑多に並べただけの小兵力に変わってしまった。

典型的な大戦前のプロパガンダ写真。訓練中の駆逐艦3隻が単縦陣で航走している。斜め前方から撮影したこの写真は、このタイプの艦のスマートなスタイルを十分に捉えている。この隊列の先頭艦はZ13、エーリヒ・ケールナーである。

　1919年6月28日にドイツが調印したヴェルサイユ条約により、ドイツが保有を許される軍艦はサイズと隻数を厳しく制限された。前ドレッドノート級の旧式戦艦6隻、軽巡洋艦6隻、駆逐艦6隻、水雷艇6隻である。潜水艦の保有は許されなかった。そして、海軍の将兵の人数は合計15,000名、そのうちの士官は1,500名に制限された。

　ドイツは当時の最も優れ、最も新型の艦を失ったので、いまや時代の最先端の技術を駆使して超モダンな新型艦を建造し、新たな艦隊を建設することができる立場に立った。こうしてドイツ海軍〈ライヒスマリーネ〉は、小規模ではあったが、世界で

全周が外壁で覆われたドイツの駆逐艦の艦橋の内部。残念ながら、水兵たちの帽子のリボンから艦名を読み取ることはできない。画面の右下方の羅針箱と、何本も突き出ている伝声管に注目されたい。

最新型の艦を保有するようになった。

ドイツ帝国海軍はかなりの数の"水雷艇（トルペードボート）"を保有していた。この呼称は英国海軍の小型のモーター魚雷艇（MTBと略記される）や米国海軍のPTボート（パトロール魚雷艇の略記）を連想させる。しかし、ドイツのトルペードボートは駆逐艦よりは小さいが、かなり大きな艦だった。これらの水雷艇の多くはドイツ海軍——ライヒスマリーネとナチ党政権下での呼称、クリークスマリーネ——によって使用され、このクラスの改良された新型の艇が新たに建造された。

1934年、新しいクラスの艦、高速で強力な駆逐艦（混乱を招きやすい話だが、この艦種は元々"水雷艇駆逐艦"——水雷艇を駆逐する艦という意味——という呼称であり、その前半分の言葉が省略されて"駆逐艦"となった）の最初の1隻が起工された。ドイツの新型駆逐艦は同じ時期の他国の海軍の、同種の艦の大半より大型であり、武装は強力だった。

1935年6月、英国とドイツの間で海軍条約が結ばれ、ここでドイツ海軍に課せられていた軍艦建造について多くの制限が取り除かれた。それ以降、ドイツ海軍が遵守すべき新しい条件は単純なものに変わった。それまでの艦種別の隻数の制限はなくなり、兵力全体の量（トン数による）の上限を英国海軍の35パーセントとすることになった。

ARMAMENT
武装

砲煩・水雷兵器
Firepower

ドイツ海軍の駆逐艦に装備された砲煩兵器には3つの主要なタイプがあった。最も広く用いられていたのは単装砲塔に装備された12.7cm砲である。砲塔の配置は艦の型によって異なっていたが、艦の前部に砲塔1基、または2基、後部に3基という配置が多かっ

た。ドイツの軍艦の主砲の砲塔は艦首から艦尾に向かって順番に、"アントーン（A）"、"ブルーノ（B）"、"ツェーザル（C）"等々のアルファベット呼称がつけられていた。

12.7cm主砲

　12.7cm砲の砲口初速は830m/秒、砲弾の重量は28kg、射程は弾道によって異なるが、最大で17,400mである。砲1門の重量は砲尾の機構も含めて3.65トン前後だった。これは速射砲であり、理論的には最大発射速度は毎分18発だった——これだけの弾数の発射には砲員の練度が高いことと、気象が良好であること（砲塔は密閉式ではなく、悪天候は砲員の作業に影響した）が必要条件だったが。砲身の耐用度はだいたい1,950回発射までと推定され、その時点で換装が必要とされていた。搭載されている砲弾は通常、砲1門あたり約120発だった。

　大戦中に就役したいくつかの型は主砲が15cm砲に強化された。この砲は砲弾重量が45kg、砲口初速が約835m/秒、最大射程が約23,500mだった。この大口径砲では発射速度は12.7cm砲の半分以下であり、毎分7〜8発に過ぎなかった。砲身の耐用度は約1,600回発射までだった。

　大戦中に就役した後期型の一部の前部武装は、従来の単装砲塔1基とは違って、二連装砲塔1基とされた。この新しい武装配置によって火力はかなり強化されたが、艦の前部に加えられた大きな重量によって、操艦特性に悪い影響が現れた。

ある駆逐艦の艦首から前甲板の砲塔2基を撮影した写真。砲身の両脇の照準窓のフラップは開かれ、砲身が砲塔から突き出している部分の砲身防水布（ブラストバッグ）は取り外されている。艦橋正面には、大戦前の慣行通りにブロンズ製の鷲と鉤十字の紋章が取りつけられている。

3.7cm高角機関砲

　駆逐艦の副次的な火砲は3.7cm連装高角機関砲である。この兵器は大型艦にも副次的な対空火器として装備されていた。砲弾の重量は0.74kg、砲口初速は1,000m/秒、射程は水上目標に対しては8,500m、空中目標に対しては6,800mである。砲身の耐用度は約7,500回発射までとされていた。実際的な発射率は毎分80発前後だったが、理論上はその2倍の弾数発射が可能とされていた。各艦の3.7cm機関砲の装備数は大戦中の改装によって変化した例が少なくないが、通常は二連装砲架4基だった。砲1門当たり砲弾4,000発前後が搭載されていた。

2cm高角機関砲

　この大量に製造された兵器は、Uボートから戦艦に至る

給油作業中の艦中部の甲板の情景。後部煙突の両側に張り出したプラットフォームの上の連装3.7cm高角機関砲がはっきりと見えている。

まで、ドイツ海軍の全てのタイプの艦艇の火器として使用された。単装、二連装、四連装の3種の砲架に装備されていた。2cm高角機関砲の砲弾の重量は39.5g、砲口初速は835m/秒、射程は水上目標に対しては4,900m、空中目標に対しては3,700mである。1門あたりの最大発射速度は理論的には最大限、毎分280発が可能とされていたが、通常は毎分120発前後で運用されていた。この数字で考えると、四連装機関砲は最小でも毎分480発、最大では800発近くの砲弾を発射することが可能であり、これを数基装備した艦艇は低高度で接近してくる敵機に、雨霰のように激しく砲弾を浴びせることができた。2cm砲1門当たりの砲弾搭載量は約3,000発だった。

大戦の末期にはドイツ艦艇の大半の対空火器装備はかなり強化された。この時期、ドイツの艦艇（この場合も小型のEボートから戦艦に至るまで）には、基数は限られていたが、4cmボフォース高角機関砲も装備された。この砲は0.96kgの砲弾を砲口初速854m/秒で発射し、最大射程は7,000mに達した。

魚雷

駆逐艦は各々、四連装魚雷発射管旋回装架を2基装備していた。1基は2本の煙突の間、2基目は後部煙突の後方に配置された。使用された魚雷はG7a型であり、口径は53cm、重量は1.5トンをわずかに超え、速度は44ノットだった。魚雷の搭載数は12本であり、8本は発射管に装填され、4本は予備とされていた。

爆雷

やや驚くことだが、通常のドイツ駆逐艦が搭載した爆雷の数は控えめといえるほどだった。

後部の上部構造物の横の甲板から前方を撮影した写真。甲板の縁には爆雷投射器（両舷に各2基装備されている）が写っている。甲板には機雷運搬用のレールが敷かれている。

爆雷投射器4基が後部上部構造の両側の甲板に2基ずつ配置され、後甲板の両舷に爆雷3基を載せた架台が各1基配置されていた。大戦勃発以前には爆雷の搭載数は18基に過ぎなかった。大戦に入ってからも、爆雷の搭載数が30基を超えることはほとんどなかった。

機雷

この写真には興味深いものがいくつも写っている。最も目立つのは画面右側に見える多数の機雷の列である。架台に載せられ、左頁下の写真に写っているレールの上に並んでいる。画面の左側の下半分には後部四連装魚雷発射管が見える。左下の隅に見える構造物は覆いつきの発射制御御台である。画面中央は3番砲塔である。この砲塔は前方向きに装備されており、側方に向けた射撃に使用される。

　機雷敷設はドイツの駆逐艦部隊の主要な任務のひとつだった。機雷には2つの型があった。実用された基本的な機雷はEMC型（標準機雷"C"）である。これは標準的な繋留機雷であり、球状の弾体の直径は1mよりわずかに大きく、それに角のような接触信管7本がついていた。重量は1,100kg、炸薬の量は300kgである。通常、EMCは水深3〜6mの海に敷設された。

　広く使用されていた2番目の機雷はEMF型（遠隔起爆機雷）である。これも繋留機雷だが、海上を通過する艦船の周囲に発生する磁場に反応して起爆する機構になっていた。弾体の直径は1.1m、炸薬の量は350kgである。EMFは通常、水深15mまでの海底に敷設された。ドイツの駆逐艦が英国の沿岸に敷設した機雷によって、連合軍の船舶81隻が沈没し、5隻が損傷を受けた。

射撃管制
Fire control

主砲

　各艦には射撃管制コンピューター室があり、それとリンクした2基の光学測距儀によって主砲は射撃管制された。

対空砲

　3.7cm高角機関砲の射撃管制は1.25m光学測距儀によって行われ、2cm高角機関砲は携帯移動可能な0.7m光学測距儀で射撃管制された。後者は前者のバックアップとしても使用された。

Radar
レーダー

　ドイツ海軍は軍用レーダーシステムの開発の先頭に立っていた。Nachrichten Versuchsabteilung（NSV＝通信実験部）は早くも1929年に、水中目標を探知するソ

Z10、ハンス・ロディー。前部上部構造物の上の2番砲塔周囲の手摺には、カンバスの波除けが張られている。これは第二次大戦初期に撮影された写真であり、舷側の2桁のペナントナンバーはすでに外されているが、艦橋正面のブロンズの鷲はまだ残されている。

ナーのタイプのシステム開発を開始した。このシステムの原理を海面上でも働かせ、1933年には13.5cmの波長の短い輻射電波のエコーを捉える原始的なシステムを開発した。1934年には新たな組織、Gesellschaft für Elektroakustische und Mechanische Apparate（GEMA＝電気音響学機械装置協会）が、この分野の技術開発を進めるために設置された。これらの2つの組織は効果的な電波探知装置を創り出そうとして、たがいに競い合った。1935年9月、海軍最高司令官レーダー提督臨席の下に波長48cm（630MHz）の装置がテストされ、練習艦ブレムセ（いささか大型の艦だったが）を目標として着実な結果を出した。

　この装置はその後、一時、ヴェーレに装備され、この小型で目立たない艦はドイツ海軍で最初に実機能を持つレーダーを装備することになった。この装置は機能を高めるために何度も改造された末、波長は82cm（368MHz）に落ち着き、これが海軍のレーダー装置全部の標準となった。この時期から1945年にかけて製造されたドイツ海軍のレーダー装置の大半は、GEMAが有名な企業、テレフンケン、ジーメンス、ロレンツ、AEGの協力の下に開発したものである。

　ドイツ海軍のレーダーの型式呼称は驚くほど複雑に構成されていた。これは敵の情報収集活動を混乱させるために、そのようにした場合もあった。たとえば、初期の装置は本当の用途をごまかすためにDeTe（Dezimeter-Telegraphie＝デシメートル通信）と呼ばれた。

　初期の実用レーダーにはFMG（Funkmess-Gerät＝レーダー装置）という呼称がつけられ、それに続いて製造年度、製造会社、周波数コード、艦上での装備位置を示す暗号のような文字や数字が並んでいた。

　アトミラール・グラーフ・シュペーに最初に装備された型の呼称、FMG 39G（gO）の意味は次の通りである。FMG——レーダー装置、39——1939年、G——GEMA、g——周波数335〜430MHzのコード、O——装備位置が前檣楼の測距儀の上であることを示すコード。

　レーダーの技術的な開発が進むと、もっと多くの種別、分類の呼称や番号が組み込まれ、型式呼称の仕組みはいっそう複雑になった。たとえば、FuSE 80 Freyaの意味は次の通りである。Fu——Funkmess：レーダー装置、S——製造会社：ジーメンス、E——

Erkennung：操作または偵察レーダー、80――開発番号、Freya――装備のコード名。

　幸いなことに、1943年に単純化された型式呼称システムが新たに導入された。海軍が使用した装置の中で、アクティブ操作レーダーにはFuMO（Funkmess-Ortung＝方向測定レーダー）、パッシブ探知レーダーにはFuMB（Funkmess-Beobachtung＝監視レーダー）の類別呼称がつけられ、この呼称の後には特定のコード番号がつけられた。駆逐艦に装備された型の大部分はFuMO 21、FuMO 63、FuMO 24/25、FuME Wespe-G、FuMB 6 Palau、FuMB 3 Baliである。

　最初にドイツの駆逐艦の標準的なレーダーとして装備されたのはFuMO 21であり、4m×2mのマットレス状のアンテナは艦橋デッキ区画、前檣のすぐ前の位置に組み上げられた特別な檣脚に取りつけられた。

　1943年の半ば以降、6m×2mのマットレス状のアンテナのついたFuMO 25が装備され始め、それ以前の型の艦もこの型のアンテナに換装された。このアンテナはすぐ後方の位置にある前檣に妨げられて、全周回転することができなかった。この問題を解決するために何隻かの艦では、アンテナの後方にゴールポストのような枠を組み上げ、その横木の真ん中の点を前檣に固定した。これによってアンテナは枠の内側で全周回転できるようになった。その1年後、一部の艦では後部煙突の後方、それまで後部探照灯が装備されていたプラットフォームに、FuMO 63（Hohentweil-K）が装備され始めた。それと同時に、それらの艦では、前檣の横桁のひとつにFuMB 6パラウのアンテナが装着された。パッシブレーダーシステム、FuMB 3バリ、FuME 2ヴェスペ-G、FuMB Tunisのアンテナも前檣に取りつけられた。

COLOUR SCHEMES AND CAMOUFLAGE

塗装とカムフラージュ

艦橋の右舷側から見た艦の後部。艦載内火艇と艇の揚卸しに使用されるデリックが見える。その後方には後部煙突の両側のプラットフォームに装備された3.7cm連装高角機関砲が写っている。

　第二次大戦が始まる前のドイツの駆逐艦の塗装は、大型艦と同じく薄いグレーを基本としていた。大戦勃発以前に建造された艦は通常、金属鋳物製の鷲と鉤十字の紋章が艦橋の上部正面に飾られていた。平和な時代には、駆逐艦の側面に白い2桁数字のペナントナンバー（戦隊番号と隊列内での位置を示す）が表示されていた。

　大戦が始まると様々な破断カムフラージュパターンが塗装された。一般的に破断模様は中程度、または濃いグレーの幅の狭いバンドであり、これが標準的な薄いグレーの地の上に塗り加えられた。艦首と艦尾に白い波模様が描かれることもあった。

　駆逐艦には大型艦のような木材張りの甲板はなく、甲板などの水平面は濃いグレーの

滑り止め塗料が塗られていた。味方航空機が識別しやすいように、白い円の地に鉤十字を描いたマークを前甲板に塗装した艦は数多かった。

SHIP'S NAMES
艦名

　第二次大戦以前のドイツ海軍は、水雷艇乗組指揮官の経歴がある者を主として、第一次大戦で戦死したドイツ帝国海軍の将兵の名を、新造駆逐艦の艦名とすることを慣例としていた。この慣行はZ1からZ22まで続き、それ以降は艦番号があたえられるだけになった。初めの22隻の駆逐艦の乗組水兵の水兵帽のリボンには艦名が書かれていたが、大戦が始まると、機密保持のために、どの艦の乗組員のリボンも"ドイツ海軍"と書かれるように変わった。最初の22隻の駆逐艦の艦名に名が残された人々は、ここでご紹介する22名である

駆逐艦　Z1　レーベレヒト・マース
　レーベレヒト・マース海軍少将は第II偵察戦隊司令官。1915年8月28日、彼の戦隊はドイツ沿岸湾曲部で敵の巡洋戦艦数隻と交戦し、彼が座乗していた軽巡ケルンが撃沈された時に戦死した

駆逐艦　Z2　ゲオルク・ティーレ
　ゲオルク・ティーレ中佐は第VI水雷艇隊副司令。1917年10月17日、オランダ北部、テセル島の沖合で艇隊は優勢な敵部隊と交戦し、彼の乗艇、T119は撃沈され、彼は戦死した。

駆逐艦　Z3　マックス・シュルツ
　シュルツ中佐は第IV水雷艇隊の旗艦、V69の艇長。1917年1月23日、ゼーブルッヘに帰還する途中、ベルギー北部沖合で英国の巡洋艦部隊と交戦し、彼は乗艇の沈没と共に戦死した。

駆逐艦　Z4　リヒャルト・バイツェン
　バイツェン少佐は第XIV水雷艇隊司令。1918年3月30日、ヘルゴラント沖合で指揮下の2艇が触雷して沈没した。生存者救助のため、彼の旗艦は機雷原に入り、そこで同様に触雷、沈没して、少佐は戦死した。

駆逐艦　Z5　パウル・ヤコビ
　ヤコビ中佐は第XVII水雷艇隊司令。1915年12月2日、ドイツ北部、アムルム島沖合の北海水域で艇隊が作戦行動中、彼が座乗するV25が触雷して沈没し、彼も含めた乗組員全員が戦死した。

駆逐艦　Z6　テオドール・リーデル
　リーデル中佐は第6水雷艇半隊司令。1916年5月31日、ユトラント海戦の初期の段階で彼の旗艦、V48は敵の砲弾を受けて沈没し、生存者は3名のみであり、彼も戦死した。

Z5の乗組員。彼が誇らしげにかぶっている水兵帽のリボンには、"駆逐艦パウル・ヤコビ"と書かれている。この艦名入りのリボンは乗組員の団結心と自艦に対する誇りの気持を高める効果があったが、大戦勃発と共に単純な"ドイツ海軍（クリークスマリーネ）"という表示に切り換えられた。

駆逐艦　Z7　ヘルマン・シェーマン
　　シェーマン少佐はフランドル水雷艇隊司令。1915年5月1日、英国海峡水域で行動中、優勢な英軍の駆逐艦部隊との突然の遭遇戦で、彼の旗艦、A2が撃沈され、彼は戦死した。

駆逐艦　Z8　ブルーノ・ハイネマン
　　ハイネマン中佐は戦艦ケーニッヒの副長。1918年11月5日、スカパ・フローへの回航の前、ヴィルヘルムスハーフェン軍港に碇泊中の同艦で革命派の反乱が発生した時、赤旗の掲揚を阻止しようとして殺害された。

駆逐艦　Z9　ヴォルフガング・ツェンカー
　　ツェンカー中尉は1918年11月5日、戦艦ケーニッヒの艦上、ハイネマン中佐と同じ場面で反徒に射殺された。

駆逐艦　Z10　ハンス・ロディー
　　ロディー大尉（予備）は健康上の理由で現役に復帰できず、志願して諜報活動要員となり、米国人を装って英国に渡った。しかし、間もなく逮捕され、1914年11月6日にロンドン塔で銃殺刑に処せられた。

駆逐艦　Z11　ベルント・フォン＝アルニム
　　フォン＝アルニム少佐は水雷艇G42の艇長。1917年4月24日、彼の艇はフランドルの沖合で英軍の駆逐艦と交戦し、撃沈されて戦死した。

駆逐艦　Z12　エーリヒ・ギーゼ
　　ギーゼ少佐はフランドル水雷艇隊、S20の艇長。1917年6月5日、フランドル沖で英軍の巡洋艦を含む英軍部隊と交戦し、乗艇が撃沈されて戦死した。

駆逐艦　Z13　エーリヒ・ケールナー
　　ケールナー少佐は第8掃海艇隊半隊司令。1918年4月20日、フランドル沖で彼の隊の1隻が英軍の機雷によって沈没し、その乗組員救助のために機雷原に入った2隻も触雷、沈没した。少佐の乗艇、M64は触雷3度目であり、彼は艇と共に戦死した。

駆逐艦　Z14　フリートリヒ・イーン
　　イーン少佐は水雷艇S35の艇長。1916年5月31日、ユトラント海戦の際、彼の艇は沈没した僚艇、V29の生存者救助のため砲撃の中に残って大きな損傷を受け、少佐は艇上で戦死した。

駆逐艦　Z15　エーリヒ・シュタインブリンク
　　シュタインブリンク少佐は水雷艇V29の艇長。1916年5月31日、彼の乗艇はユトラント海戦の際、命中弾によって大破し、その戦闘中に少佐は艇上で戦死した。V29は英軍の巡洋艦の魚雷によって撃沈された。

駆逐艦　Z16　フリートリヒ・エッコルト
　　エッコルト少佐は第6水雷艇隊半隊の旗艦、V48の艇長。V48は1916年5月31日、ユトラント海戦の際に撃沈され、少佐は戦死した。

駆逐艦　Z17　ディーター・フォン＝レーダー
　　フォン＝レーダー少佐は大戦末期の第13水雷艇隊半隊司令。1918年6月11日、彼が座乗していたS62が機雷原で触雷、沈没した時、彼は戦死した。

駆逐艦　Z18　ハンス・リューデマン
　　リューデマンは水雷艇S148乗り組みの機関士官候補生。1913年5月14日、航行中にレシプロ蒸気機関の高圧シリンダーが爆発した。彼は酷い火傷を負ったが、ボイラー室に這い込んで機関停止を指揮し、周囲の人々の危険を防いだ。彼は大至急、ヘルゴラントの病院に送られたが、間もなく死亡した。

駆逐艦　Z19　ヘルマン・キュンネ

キュンネ二等水兵は水雷艇S53の魚雷操作員。1918年4月23日、彼の乗艇がベルギーのゼーブルッヘ（ドイツ海軍の根拠地）に碇泊している時に英軍の奇襲上陸作戦があり、彼はただちに陸上での白兵戦に参加して戦死した。

駆逐艦　Z20　カール・ガルシュター

ガルシュター少佐は水雷艇S22の艇長。1916年3月21日、S22は北海で英軍の軽巡、駆逐艦と交戦中に触雷して沈没し、少佐は戦死した。

駆逐艦　Z21　ヴィルヘルム・ハイドカンプ

ハイドカンプ上等機関兵曹は巡洋戦艦ザイトリッツの掌ポンプ長だった。1915年1月24日、ドッガー・バンク海戦の際、C砲塔に敵弾が命中し、すぐに6トンの火薬の延焼が始まった。彼は有毒ガスと高熱に耐えながら弾薬庫の注水操作をやり遂げ、艦の危機を救った。火傷の後遺症のため1918年に死亡した。

駆逐艦　Z22　アントーン・シュミット

シュミット上等兵曹は軽巡洋艦フラウエンロブのひとつの砲塔の砲員長。1916年5月31日、ユトラント海戦の際、彼の乗艦は損傷を受けて沈み始めたが、彼は砲塔を離れることを拒否し、沈没の時まで砲撃を続け、艦と運命を共にした。

ORGANISATION
駆逐艦部隊組織

艦の前部から見た後部煙突と、その横に張り出した対空砲プラットフォーム。砲員たちは後方の海面上を飛ぶ飛行機をしっかり見守っている。プラットフォームの周囲の手摺には、激しい波しぶきから砲員たちをいくらかでも護るために、波除けカンバスが張ってある。

駆逐艦兵力はいくつもの部隊、駆逐戦隊（Zerstörer Flotille）に配備された。第二次大戦勃発までは、各艦が所属する駆逐戦隊の番号は各艦のペナントナンバー——舷側、艦橋の下のあたりの位置に描かれた白い大きな2桁数字——に表示されていた。

2桁数字の最初の数字は駆逐戦隊の番号、2つ目の数字は隊内での艦の番号を示していた。たとえば、パウル・ヤコビのペナントナンバー21は、この艦が第2駆逐戦隊所属であり、その隊の1番艦であることを示している。

第1駆逐戦隊

Z2（ゲオルク・ティーレ）、Z3（マックス・シュルツ）、Z4（リヒャルト・バイツェン）、Z15（エーリヒ・シュタインブリンク）、Z16（フリートリヒ・エッコルト）

第2駆逐戦隊

Z5（パウル・ヤコビ）、Z6（テオドール・リーデル）、Z7（ヘルマン・シェーマン）、Z8（ブルーノ・ハイネマン）、Z1（レーベレヒト・マース）

第3駆逐戦隊

Z17（ディーター・フォン＝レーダー）、Z18（ハンス・リューデマン）、Z20（カール・ガルシュター）、Z22（アントーン・シュミット）

第4駆逐戦隊

Z9（ヴォルフガング・ツェンカー）、Z11（ベルント・フォン＝アルニム）、Z10（ハンス・ロディー）、Z12（エーリヒ・ギーゼ）、Z13（エーリヒ・ケールナー）、1942年以降はZ31、Z32、Z33、Z34、Z37、Z38、Z39

第5駆逐戦隊

Z15（エーリヒ・シュタインブリンク）、Z5（パウル・ヤコビ）、Z16（フリートリヒ・エッコルト）、Z6（テオドール・リーデル）、1942年以降はZ29、Z25、Z4（リヒャルト・バイツェン）、Z5（パウル・ヤコビ）、Z14（フリートリヒ・イーン）、Z7（ヘルマン・シェーマン）

第6駆逐戦隊

Z33、Z36、Z43、Z5（パウル・ヤコビ）、Z7（ヘルマン・シェーマン）、Z8（ブルーノ・ハイネマン）、Z6（テオドール・リーデル）、Z10（ハンス・ロディー）、Z20（カール・ガルシュター）

第8駆逐戦隊

Z23、Z24、Z25、Z26、Z27、Z28、Z29、Z30

各駆逐艦がどの駆逐戦隊に所属するかという組み合わせは、必ずしも永く続くものではなかった。

TYPE 34 LEBERECHT MAAS CLASS

1934型　レーベレヒト・マース級

この型は4隻（Z1〜Z4）建造された。いずれもキールのドイッチェ・ヴェルク社造船所が建造を担当した。

Z1は1934年10月15日起工、1935年8月8日進水、1937年1月14日就役。レーベレヒト・マースは1940年2月22日、北海で味方機の誤爆により損傷し、漂流中に触雷して沈没した。

Z2は1934年10月25日起工、1935年8月18日進水、1937年2月27日就役。ゲオルク・ティーレは1940年4月13日、ナルヴィクで座礁し、自沈処分された。

Z3は1935年1月2日起工、1935年11月30日進水、1937年4月6日就役。マックス・シュルツは1940年2月22日、北海で沈没したZ1の生存者救助作業中に触雷して沈没した。

Z4は1935年1月7日起工、1935年11月30日進水、1937年5月13日就役。リヒャルト・

バイツェンはレーベレヒト・マース級4隻の中でただ1隻、沈没せずに大戦終結を迎えた。戦後、戦利品として英国に引き渡され、1947年に解体処分された。

Z1、レーベレヒト・マース。第一次大戦後のドイツ海軍は1934年に大型で強力な新しい世代の駆逐艦の建造を開始したが、Z1はその最初の艦である。この写真は1934型の竣工当時の状態を示している。艦首は垂直であり、煙突には高いキャップが取りつけられ、艦橋の前面は丸みのあるスタイルである。

1934型の要目

全長　119m
全幅　11.3m
吃水　4m
最大排水量　2,619トン
燃料油搭載量　715トン（最大）
最大速度　38ノット（61km/h）
最大航続距離　1,825浬（3,380km）
主砲　12.7cm砲5門（単装砲塔5基）
高角砲　3.7cm高角機関砲8門（連装砲架4基）
　　　　2cm高角機関砲6門（単装砲架6基）
魚雷　53.3cm魚雷発射管8基（四連装装架2基）
爆雷　投射器4基
機雷　最大60基搭載
乗組員　士官・下士官兵　合計325名

艦長

Z1
1937年1月～1937年9月　シュミット中佐
1937年10月～1939年4月　ヴァグナー中佐
1939年4月～1940年2月　バッサンゲ中佐

Z2
1937年2月～1938年8月　ハルトマン中佐
1938年8月～1938年10月　フォン＝プフェンドルフ中佐
1938年10月～1940年4月　ヴォルフ中佐

Z3
1937年4月～1938年10月　バルツァー中佐
1938年10月～1940年2月

これは大戦前に冬のバルト海で撮影された駆逐艦の前甲板である。酷い結氷が拡がっている。大戦中、ドイツの駆逐艦は北極海も含めた北方海域で戦った。この写真を見ると、これらの水域の厳冬期のもっと激しい結氷の中で、乗組員たちの戦いがどれほど苦しいものだったか、だんだんと想像が進み始める。

トランペバッハ中佐

Z4
1937年5月～1938年5月　ガドウ中佐
1938年5月～1939年10月　シュミット中佐
1939年10月～1943年1月　フォン=ダーフィドソン中佐
1943年1月～1944年1月　ドミニク中佐
1944年1月～1944年4月　艦長なし
1944年4月～1944年6月　リュッデ=ノイラート中佐
1944年6月～1944年9月　ガーデ中佐
1944年9月～1945年5月　ノイッス中佐

改造
Modifications

　このクラスの最初の3隻は大戦の早い時期に沈没したので、主要な改造は受けていない。Z1からZ3までは垂直に近い直線の艦首だったが、Z4は艦首が反った曲線の型に改造され、FuMOレーダーの装備も受けた。Z4は"ブルーノ"砲塔のすぐ前に1基と、艦橋の両側に各1基、2cm単装高角機関砲が追加装備され、後部上部構造物上の甲板室の屋根の上の2cm高角機関砲は単装1基から四連装1基に強化された。
　このクラスの4隻が竣工した時、艦橋の前面はカーブした形だったが、1938年の改装の際に角張った形に変更され、その結果、艦橋の内部のスペースが広くなった。

動力
Powerplant

　1934型はスクリュー軸2本であり、ヴァグナー社製タービン2基とベンソン製ボイラー6基の組み合わせによって駆動された。補助動力としては60kwのディーゼル発電機3基と200kwのタービン発電機2基が装備されていた。

TYPE 34A PAUL JACOBI CLASS
1934A型　パウル・ヤコビ級

　34A型は合計12隻建造された。
　Z5は1935年7月15日起工、1936年3月24日進水、1937年6月29日就役。パウル・ヤコビは大戦終結まで生き残り、戦後、まず英国海軍に引き渡され、1946年にフランス海軍に移され、デセという新艦名があたえられて数年使用された後、1951年に解体処分された。
　Z6は1935年6月18日起工、1936年4月22日進水、1937年7月2日就役。テオドール・リーデルも大戦終結を迎え、戦後、フランス海軍に引き渡され、クレベールという新艦名をあたえられて1954年まで現役に留まった。1958年に解体処分。
　Z7は1935年9月7日起工、1936年7月16日進水、1937年9月15日就役。ヘルマン・シェーマンは1942年5月2日、北極海でのPQ12迎撃作戦で英国海軍の巡洋艦などと交戦し、被弾して行動不能に陥り、乗組員が僚艦に収容された後、自沈処分された。
　Z8は1936年1月14日起工、1936年9月15日進水、1938年1月18日就役。ブルーノ・

竣工式当日のZ10、ハンス・ロディー。乗組員と軍楽隊が後甲板に整列している。艦の後部舷側から張り出しているフェンダーは、艦が岸壁に衝突するのを防ぐための装置である。

ハイネマンは1942年1月25日、英国海峡で触雷して沈没した。

 Z9は1935年3月22日起工、1936年3月27日進水、1938年7月2日就役。ヴォルフガング・ツェンカーはナルヴィク上陸作戦の戦闘で座礁してスクリュー1基が大破し、砲弾全部を発射した後、自沈処分された。

 Z10は1935年4月1日起工、1936年5月14日進水、1938年3月17日就役。ハンス・ロディーは大戦終結時に降伏し、英国海軍に引き渡されたが、実用されることなく、1949年に解体処分された。

 Z11は1935年4月26日起工、1936年7月8日進水、1938年12月6日就役。ベルント・フォン=アルニムは1940年4月13日、ナルヴィク湾での対駆逐艦戦闘で大きな損傷を受け、浅瀬に乗り上げて応急処置を試みたが、自沈処分された。

 Z12は1935年5月3日起工、1937年3月12日進水、1939年3月4日就役。エーリヒ・ギーゼは1940年4月13日、ナルヴィク湾での英軍駆逐艦との戦闘で撃沈された。

 Z13は1935年10月12日起工、1937年3月18日進水、1939年8月28日就役。エーリヒ・ケールナーは1940年4月13日、ナルヴィク湾の戦闘で被弾し、座礁した後、戦艦ウォースパイトの砲弾を浴び、破壊された。

 Z14は1935年3月30日起工、1935年11月5日進水、1938年4月9日就役。フリートリヒ・イーンは大戦終結

ある艦の四連装魚雷発射管1基の操作員チーム。発射制御台には薄い装甲板が張り巡らされており、弾片などから操作員を防御するようになっている。

Z5、パウル・ヤコビの3.7cm連装高角機関砲の1基をクローズアップで撮影（後方にも別の1基が写っており、後部上部構造物に装備された砲であると思われる）。3.7cm連装機関砲を6基まで増備された駆逐艦はあまり多くないが、Z5はそのうちの1隻である。

後、ソ連海軍に引き渡され、1946年～52年の間、プリツキーという艦名で現役艦として使用され、1955年に解体処分された。

Z15は1935年3月30日起工、1936年9月24日進水、1938年6月8日就役。エーリヒ・シュタインブリンクも敗戦後、ソ連海軍に引き渡された。3年ほどピルキーという艦名で現役艦として使用された後、宿泊艦となり、1960年にスクラップにされた。

Z16は1935年11月9日起工、1937年3月21日進水、1938年8月2日就役。フリートリヒ・エッコルトは1942年12月31日、バレンツ海で英軍の軽巡2隻と交戦し、撃沈された。

　これらの12隻のうち、Z5～Z8はブレーメンのデシマグ社、Z9～Z13はキールのゲルマニアヴェルフト社、Z14～Z16はハンブルクのブローム・ウント・フォス社の造船所で建造された。

1934A型の要目
全長　119m
全幅　11.3m
吃水　4.23m
最大排水量　3,110トン
燃料油搭載量　715トン（最大）
最大速度　38ノット（61km/h）
最大航続距離　1,825浬（3,380km）
主砲　12.7cm砲5門（単装砲塔5基）
高角砲　3.7cm高角機関砲8門（連装砲架4基）
　　　　2cm高角機関砲6門（単装砲架6基）
魚雷　53.3cm魚雷発射管8基（四連装装架2基）
爆雷　投射器4基
機雷　最大60基搭載
乗組員　士官・下士官兵　合計325名

艦長
Z5
1937年6月～1938年10月　ペーターズ中佐
1938年10月～1941年10月　ツィマー中佐
1941年10月～1944年7月　シュリーバー中佐
1944年7月～1945年5月　ビュルター中佐

Z6
1937年6月～1938年10月　フェッヘナー中佐
1938年10月～1940年11月　ベーミヒ中佐
1940年11月～1941年4月　大修理の間、艦長空席
1941年4月～1943年9月　リーデ中佐
1943年9月～1944年1月　フォン=ハウゼン中佐
1944年1月～1944年6月　メンゲ中佐
1944年6月～1945年5月　ブレゼ中佐

Z7
1937年9月～1938年10月　シュルテ=メンティング中佐
1938年10月～1940年7月　デトマーズ中佐
1940年7月～1940年10月　ロールケ少佐（艦長代理）
1940年10月～1942年5月　ヴィッティヒ中佐

Z8
1938年1月～1939年12月　ベルガー中佐
1939年12月～1940年5月　ラングベルト中佐
1940年5月～1942年1月　アルベルツ中佐

Z9
1938年7月～1940年4月　ペニッツ中佐

Z10
1938年9月～1939年8月　フォン=プットカマー中佐
1939年8月～1940年10月　フォン=ヴァンゲンハイム中佐
1940年11月～1942年8月　プファイファー中佐
1942年8月～1943年3月　ツェンカー中佐
1943年3月～1943年4月　フォルシュテハー中佐
1943年4月～1943年11月　マルクス初級大佐*
1943年11月～1945年5月　ハウン中佐

Z11
1938年12月～1940年4月　レッヘル中佐

Z12
1939年3月～1940年4月　シュミット中佐

Z13
1939年8月～1940年4月　シュルツ=ヒンリヒス中佐

Z14
1938年4月～1939年4月　トランペダハ中佐
1939年4月～1939年10月　フォン=フーフェンドルフ初級大佐
1939年10月～1942年11月　ヴァクスムト中佐
1942年11月～1944年4月　フロンメ中佐
1944年4月～1945年5月　リヒター=オルテコプ中佐

Z15
1938年6月～1942年1月　ヨハンネッソン初級大佐
1942年1月～1942年12月　フライターク=フォン=レーリングホーフェン中佐

1934A型パウル・ヤコビ級／1936型ディーター・フォン=レーダー級

1942年12月～1944年11月　タイヒマン中佐
1944年11月～1945年5月　レーファー中佐

Z16
1938年8月～？　シェンメル中佐
　2～3代目の艦長の名と在任期間は不明
1942年8月～1942年12月　ゲルシュトゥング中佐
1942年12月～1942年12月　バッハマン少佐

　*訳注：ドイツ海軍の階級にはFregattenkapitän（初級大佐）とKapitän zur See（上級大佐）がある。前者の大佐の階級が英語でCommander（中佐）、日本語で中佐と訳されている例が多い。

改造
Modifications

　Z5はそれ以前の4隻と同じく、艦橋の前面がカーブしたスタイルで竣工したが、後に角張った型に改造された。Z6以降は、艦橋前面が平面の角張ったスタイルで竣工した。

艦名は不詳だが、港内に繋留された状態のこの艦は、駆逐艦の典型的な塗装とカムフラージュについて理解する参考になる。艦全体にわたる薄いグレーの塗装の上に加えられた濃いグレーの破断模様は、艦のアウトラインの視認を混乱させる効果がある。

　Z9、Z11、Z12、Z13は1940年4月のナルヴィク湾での戦闘で喪われ、大きな改造を受けることはなかった。Z5、Z10、Z15は1944年に第3主砲塔が取り外され、その位置に対空火器が追加装備された。3隻とも竣工当時の基本装備、3.7cm単装機関砲4基から目立って強化され、Z5の3.7cm機関砲は最終的に連装砲架2基も含めて10門、Z10は12門、Z15は14門に増強され、2cm機関砲も大幅に増備された。

動力
Powerplant

　1934A型の動力装置の配置は1934型と同じである。Z5からZ8まではベンソン社製ボイラー、Z9からZ16まではヴァグナー社製ボイラーが各6基装備されていた。1934A型の12隻はいずれも200kwターボ発電機が装備され、それに加えてZ5からZ8まではディーゼル発電機60kwが2基と50kwが1基、Z9からZ16までは50kwが3基装備されていた。34型と34A型はいずれも、合計出力70,000馬力前後だった。

TYPE 36 DIETHER VON ROEDER CLASS

1936型 ディーター・フォン＝レーダー級

　このクラスは全部で6隻建造された。

Z17は1936年9月9日起工、1937年8月19日進水、1938年8月28日就役。ディーター・フォン＝レーダーは1940年4月13日、ナルヴィク湾の戦闘で大損傷を受けた後、自沈処分された。

Z18は1936年9月9日起工、1937年12月1日進水、1938年10月8日就役。ハンス・リューデマンは1940年4月13日、ナルヴィク湾の戦闘で大損傷を受け、艦長は艦を岩礁に乗り上げて、乗組員退去の後に爆破しようと試みたが、爆発は不十分だった。その後、英艦の魚雷で撃沈処分された。

Z19は1936年10月5日起工、1937年12月22日進水、1939年1月12日就役。ヘルマン・キュンネも1940年4月13日、ナルヴィク湾の戦闘で損傷を受けたが、全弾を撃ち尽くすまで戦った後に自沈した。

Z20は1937年9月14日起工、1938年6月15日進水、1939年3月21日就役。カール・ガルシュターは敗戦後、ソ連海軍に引き渡され、プロチュニーという新艦名となって1954年まで就役した。その後、宿泊艦となり、1958年に解体処分された。

Z21は1937年12月15日起工、1938年8月2日進水、1939年6月20日就役。ヴィルヘルム・ハイドカンプはナルヴィク上陸作戦に参加し、1940年4月9日、輸送してきた陸軍部隊を揚陸した後、翌朝に英軍の駆逐艦の襲撃を受け、魚雷命中によって弾薬庫が爆発して大破した。その後、24時間は浮かんでいたが、徐々に傾斜が進んで沈没した。

Z22は1938年1月3日起工、1938年9月20日進水、1939年9月24日就役。アントーン・シュミットもナルヴィク上陸作戦に参加し、Z21と並んで1940年4月10日の早朝に英軍駆逐艦の攻撃を受け、魚雷命中の直後に沈没した。

1936型の要目

全長　123m
全幅　11.7m
吃水　4.5m
最大排水量　3,415トン
燃料油搭載量　760トン（最大）
最大速度　40ノット（74km/h）
最大航続距離　2,020浬（3,741km）
主砲　12.7cm砲5門（単装砲塔5基）
高角砲　3.7cm高角機関砲8門（連装砲架4基）
　　　　2cm高角機関砲7門（単装砲架7基）
魚雷　53.3cm魚雷発射管8基（四連装装架2基）
爆雷　投射器4基
機雷　最大60基搭載
乗組員　士官・下士官兵　合計323名

艦長

Z17
1938年8月～1940年4月　ホルトルフ中佐
Z18
1938年10月～1940年4月　フリートリヒス中佐
Z19
1939年1月～1940年4月　コーテ中佐
Z20
1939年3月～1942年8月　フォン＝マウヘンハイム中佐
1942年8月～1945年1月　ハルムゼン初級大佐
1945年1月～1945年5月　シュミット初級大佐

Z22、アントーン・シュミット。中部甲板の右舷側、前方に向かって撮影した写真。後部煙突の下部が画面の左上のあたりに見える。右舷のダヴィットの先端は舷外側に突き出ており、短艇をすぐに吊り降ろせる状態になっている。ダヴィット柱の内側のプラットフォームの上には、通常、短艇が置かれている台架が見える。

Z17、ディーター・フォン=レーダー。前甲板主砲塔と艦橋構造物の詳細が写っている。この艦はナルヴィク攻防戦の際に自沈処分され、乗組員の多くはUボート部隊に転属した。

Z21
1939年6月～1940年4月　エルトメンガー中佐
Z22
1939年9月～1940年4月　ベーメ中佐

改造
Modifications

　Z17、Z18、Z19、Z21、Z22は大戦の初期、ナルヴィク湾の戦闘で喪われたので、大きな改造は受けていない。Z20は大戦終結まで生き残ったが、大きな改造はなく、対空火器が増強されただけである。後部上部構造の甲板室の上に2cm高角機関砲の四連装砲架、艦橋の両側に二連装砲架、"ブルーノ"砲塔のすぐ前に単装砲塔が追加装備された。

　1936型駆逐艦の煙突は1934型、1934A型と比べて小さめに造られていた。Z20、Z21、Z22の艦首は目立った角度で斜めに切れ上がったクリッパー型に建造された。

動力
Powerplant

　1936型の装備はヴァグナー社製のタービン2基と同社製のボイラー6基であり、合計出力は70,000hpだった。この型の発電能力は増大され、ディーゼル発電機は80kwが2基と40kwが1基、タービン発電機は200kwが2基装備されていた。

TYPE 36A Z23 CLASS

1936A型　Z23級

　このクラスの駆逐艦は8隻であり、いずれもデシマグ社によって建造された。

　Z23は1938年11月15日起工、1939年12月14日進水、1940年9月15日就役。1944年8月、ラ・パリス港在泊中に爆撃により大きな損傷を受け、除籍の措置が取られた。同港で終戦を迎え、フランス海軍はブレストに曳航していき、解体処分した。

　Z24は1939年1月2日起工、1940年3月7日進水、1940年10月26日就役。1944年8月24日、ボルドーを出港したが、沖合で航空攻撃を受け、ロケット弾など3発の命中によっ

て損傷した。翌日、ボルドーに帰り着き、岸壁に繋留されたが、その後、傾斜が進行して転覆した。

Z25は1939年2月15日起工、1940年3月16日進水、1940年11月30日就役。大戦後、英国海軍を経由して1946年にフランス海軍に引き渡され、オッシュという艦名で1956年まで在籍し、1961年に解体処分された。

後期の駆逐艦に装備された巨大な12.7cm砲連装砲塔。この砲塔によって砲員たちに対する防護は一段と高くなったが、艦の前部の重量増のために操艦にマイナスの影響が現れたとの批判があった。砲塔の後方には四連装2cm高角機関砲の頂部が見える。

Z26は1939年4月1日起工、1940年4月2日進水、1941年2月26日就役。1942年3月下旬、僚艦2隻と共に護送船団PQ13攻撃のためにバレンツ海に出撃し、28日の朝、視程が低い状況下で英軍の巡洋艦と駆逐艦に突然遭遇した。被弾して大損害を受け、数時間後に沈没した。

Z27は1939年12月27日起工、1940年8月1日進水、1941年2月26日就役。1943年12月28日、駆逐戦隊旗艦としてビスケー湾で行動している時、英軍の軽巡2隻の迎撃を受け、激しく被弾して沈没した。

Z28は1939年11月30日起工、1940年8月20日進水、1941年8月9日就役。大戦末期にダンツィヒ湾からの撤退輸送往復の護衛に当たった。1945年3月6日、撤退揚陸地、サスニッツに入港している時にソ連空軍の爆撃を受け、撃沈された。

Z29は1940年3月21日起工、1940年10月15日進水、1941年6月25日就役。大戦終結後、米軍に配分されたが、米国海軍は使用する意図がなく、1946年7月7日、バルト海西部水域で撃沈処分した。

Z30は1940年4月15日起工、1940年12月8日進水、1941年11月15日就役。大戦後、英国に引き渡された。英国海軍はこの艦を試験艦として使用し、1948年、艦底周辺での強力な爆発に対する耐性のテストが何度も重ねられた末に沈没した。

1936A型の要目
全長　127m
全幅　12m
吃水　4.5m
最大排水量　3,691トン
燃料油搭載量　825トン（最大）
最大速度　38ノット（70km/h）
最大航続距離　2,500浬（4,630km）
主砲　15cm砲4門（単装砲塔4基）
高角砲　3.7cm高角機関砲8門（連装砲架4基）
　　　　2cm高角機関砲5門（単装砲架5基）
魚雷　53.3cm魚雷発射管8基（四連装装架2基）
爆雷　投射器4基
機雷　最大70基搭載
乗組員　士官・下士官兵　合計332名

艦長

Z23
1940年9月～1942年5月　ベーム中佐
1942年5月～1944年3月　ヴィティヒ初級大佐
1944年3月～1944年8月　フォン=マンタイ中佐

Z24
1940年10月～1943年8月　ザルツヴェデル初級大佐
1943年8月～1943年9月　ブルカルト少佐
1943年9月～1944年8月　ビルンバッハー中佐

Z25
1940年11月～1941年7月　ゲルラッハ中佐
1941年7月～1943年8月　ペーターズ初級大佐
1943年8月～1943年9月　ビルンバッハー中佐
1943年9月～1945年5月　ゴールバント初級大佐

Z26
1941年1月～1942年3月　リッター=フォン=ベルガー初級大佐

Z27
1941年2月～1942年8月　シュミット初級大佐
1942年8月～1943年12月　シュルツ中佐

Z28
1941年8月～1943年2月　エルトメンガー初級大佐
1943年2月～1943年3月　ライニッケ初級大佐
1943年3月～1944年1月　ツェンカー中佐
1944年1月～1944年12月　ゲルラッハ初級大佐
1944年12月～1945年3月　ランプ初級大佐

Z29
1941年6月～1943年3月　レヘル初級大佐
1943年4月～1945年5月　フォン=ムルティウス初級大佐

Z30
1941年11月～1943年3月　カイザー初級大佐
1943年3月～1944年12月　ランペ初級大佐
1944年12月～1945年4月　ホフマン中佐
1945年4月～1945年5月　ホルトマン中佐

改造
Modifications

　このクラスの8隻はすべて、15cmの単装砲塔4基を装備した状態で竣工した。1942～43年の間に、Z23、Z24、Z25、Z29の4隻は前甲板の単装砲塔を取り外し、大きな二連装砲塔を装備する改造を受けた。対空火器も増強された。一例をあげると、Z28の後部上部構造物の上面の武装は最初、2cm単装高角機関砲1基だったが、1944年には四連装1基に強化され、敗戦のすぐ前にはさらに四連装2基に増強された。

　Z30は竣工した時から、前部と中部の上部構造物の間と、中部と後部の上部構造物の

間を結ぶ歩行通路が、前部と後部魚雷発射管の上を跨いで取りつけられていたが、大戦末期には取り外された。

動力
Powerplant

　1936A型の動力装備もヴァグナー社製のタービン2基と同社製のボイラー6基の組み合わせだった。補助動力としては200kwのタービン発電機2基と80kwのディーゼル発電機4基が装備されていた。

TYPE 36A (MOB) Z31 CLASS
1936A(MOB)* Z31級

　このクラスの駆逐艦は合計7隻、いずれもキールのゲルマニアヴェルフト社で建造された。ただし、Z32とZ38は建造途中でブレーメンに曳航されていき、デシマグ社で最終艤装工事が行われた。この型の建造は最初、Z31～Z34の4隻とされていたが、1938B型建造が中止されたため、1936A型計画にはZ37～Z42が追加された。しかし、実際に建造された追加はZ39までの3隻だった。
　*訳注：MOBはMobilisation（戦時生産拡大の意）建造計画の略。

　Z31は1940年9月1日起工、1941年5月15日進水、1942年4月11日就役。戦没を免れ、1946年にフランス海軍に引き渡され、マルソーという艦名で1954年まで現役艦として就役した。1958年に解体処理のために売却された。
　Z32は1940年11月1日起工、1941年8月15日進水、1942年9月15日就役。1944年6月8日、ノルマンディの連合軍の上陸作戦地区からあまり遠くないサン・マロー湾沖で僚艦2隻と共に敵の強力な駆逐艦部隊と交戦し、大きな損傷を受け、沈没を免れるために岩礁に乗り上げ、乗組員は激しい砲火の中でボートによって脱出した。
　Z33は1940年12月22日起工、1941年9月15日進水、1943年2月6日就役。大戦終結まで生き残ったこの艦はソ連海軍に配分され、プロヴォルヌイーという艦名で1954年まで現役艦として使用され、1962年にスプラップにされた。
　Z34は1941年1月15日起工、1942年5月5日進水、1943年6月5日就役。大戦後、配分計画により米国海軍に割り当てられたが、艦の状態が悪いため米国は引き取らず、1946年3月26日にスカゲラク海峡で自沈処分された。
　Z37は1940年起工、1941年2月24日進水、1942年7月16日就役。1944年1月下旬、ビスケー湾での訓練中に衝突事故で激しく損傷し、曳航されてボルドー基地に入港したが、修理はあきらめられた。1944年8月24日に除籍され、戦後に解体処理された。
　Z38は1940年起工、1941年8月5日進水、1943年3月20日就役。戦後にこの艦を引き渡された英国海軍はノンサッチと命名し、実験艦として使用した。水中爆発に対する耐性のテストで酷く損傷し、1949年にスクラップ処分された。
　Z39は1940年起工、1941年2月12日進水、1943年8月21日就役。Z37以降の建造所要期間が長くなった理由は資材不足、造船所の作業量増大、熟練工員の不足などである。大戦後、フランス海軍はZ39の部品や設備を取り外し、元ドイツ海軍の駆逐艦3隻

カラー・イラスト

解説は48頁から

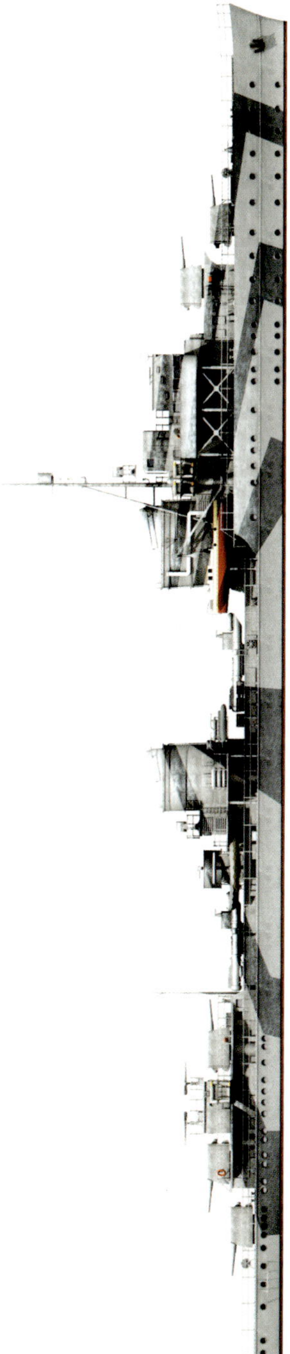

1

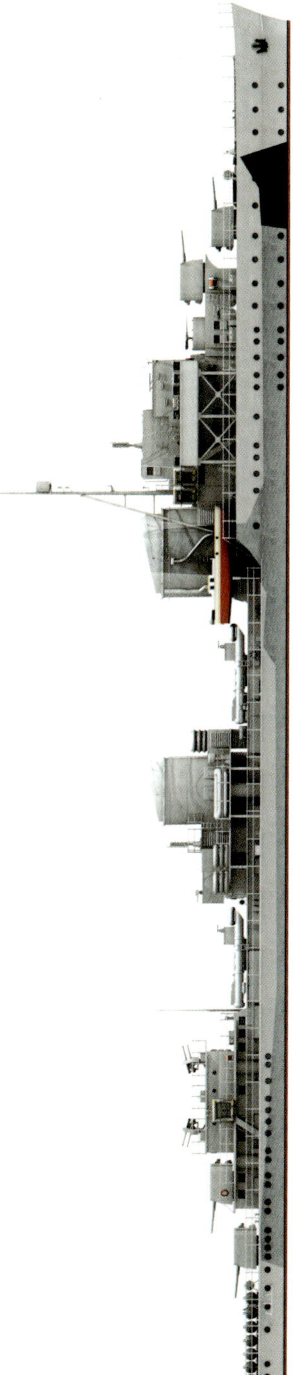

2

4

3

A：1934A型

A

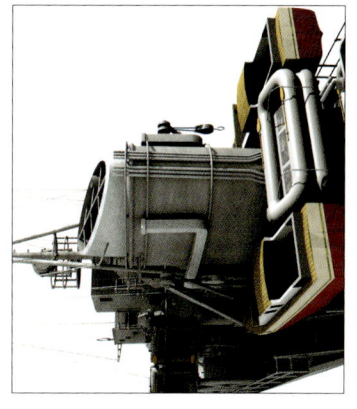

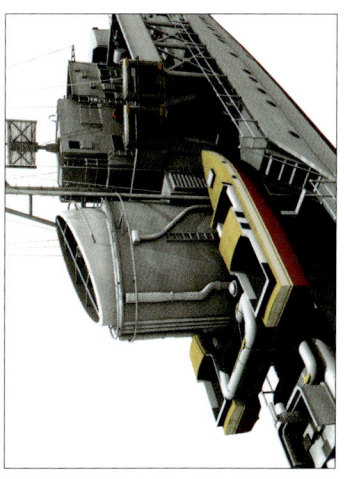

B：ナルヴィク湾での待ち伏せ攻撃

C：1934型

1

2

3

図版D
Z39の解剖図

各部名称

1. 機雷
2. 2cm高角機関砲四連装砲架
3. 15cm砲単装砲塔
4. 甲板室——調理人、給仕の居住区
5. 掃海パラヴェーン
   （防雷具。機雷のケーブルを切断する用具）
6. 測距儀
7. FuMO 63レーダーアンテナ
8. 後部煙突
9. 2cm高角機関砲単装砲架
10. 爆雷
11. 前部魚雷発射管四連装装架
12. 艦載内火艇
13. 内火艇揚収用起重機
14. 前部煙突
15. 探照灯
16. FuMOレーダーアンテナ
17. 前部測距儀
18. 艦橋
19. 操舵室
20. 3.7cm高角機関砲単装砲架
21. 15cm砲連装砲塔
22. 乗組員居住区
23. 第3ボイラー室
24. 第2ボイラー室
25. 補助ボイラー室
26. 第1ボイラー室
27. 第2タービン室
28. 後部魚雷発射管四連装装架
29. 第1タービン室
30. 士官居住区
31. 後部上部構造物——艦長、上級士官室など
32. スクリュー
33. 舵

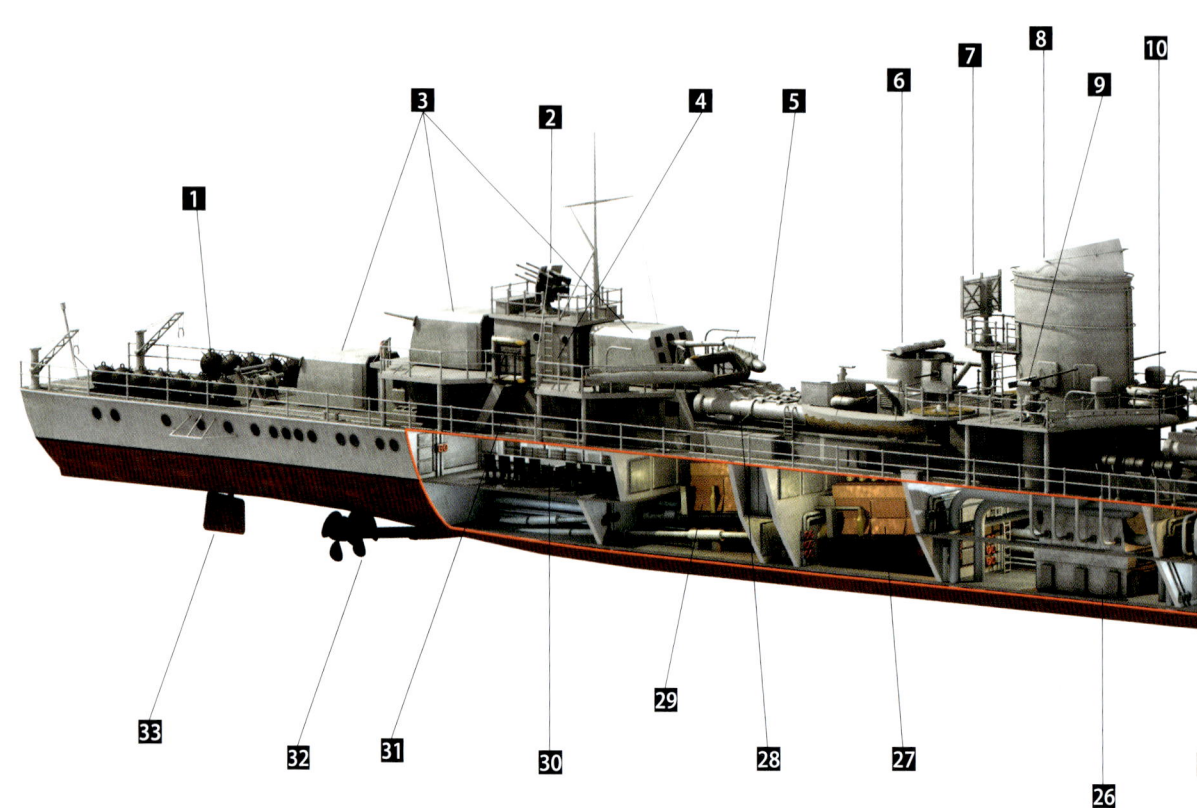

E：1936A型—Z23

1

2

3

E

F:極北での護衛任務

G：1936A(MOD)型

G

このZ34の写真には15cm砲連装砲塔の巨大さが十分に現れている。大戦後期の駆逐艦に共通に現れた変化のひとつは、この写真にも見られる通り、多数の救命ラフトの搭載である。この艦も砲塔の側面と、艦橋の側面のウイングの支柱にいくつもラフトが取りつけられている。

艦名は不詳だが、1936A型の艦首。巨大な15cm砲連装砲塔の背後には四連装2cm高角機関砲が見える。前檣の半ばに配置された探照灯プラットフォームも、この型の特徴のひとつである。

の修理・整備に使用した。Z39自体は整備されることなく、1953年に解体処分された。

1936A（MOB）型の要目

全長　127m
全幅　12m
吃水　4.5m
最大排水量　3,690トン
燃料油搭載量　825トン（最大）
最大速度　38.5ノット（71.3km/h）
最大航続距離　2,087浬（3,865km）
主砲　15cm砲5門（連装砲塔1基、単装砲塔3基）
高角砲　3.7cm高角機関砲8門（連装砲架4基）
　　　　2cm高角機関砲5門（単装砲架5基）
魚雷　53.3cm魚雷発射管8基（四連装装架2基）
爆雷　投射器4基
機雷　最大70基搭載
乗組員　士官・下士官兵　合計332名

艦長

Z31
1942年4月～1943年12月　アルベルツ中佐
1943年12月～1945年5月　パウル中佐

Z32
1942年9月～1944年6月　リッター＝フォン＝ベルガー初級大佐

Z33
1943年2月～1944年6月　ホルトルフ上級大佐
1944年6月～1945年2月　メンゲ初級大佐
1945年2月～1945年5月　ペーター＝ピルックハム少佐（艦長代理）

Z34
1943年6月～1945年5月　ヘッツ中佐

Z37
1942年7月～1944年1月　ラングヘルト中佐
1944年1月～1944年8月　ゲルラッハ初級大佐

Z38
1943年3月～1944年9月　ブルッツァー中佐
1944年9月～1945年5月　フォン＝リンカー中佐

Z39
1943年8月～1945年5月　ロアーケ中佐

改造
Modifications

　このクラスは前甲板に大型の15cm砲連装砲塔を装備する設計で建造された。Z31だけは例外であり、竣工時の前甲板武装は単装砲塔1基だったが、その後、これは連装砲塔に換装された。前甲板に装備された連装砲塔の大きな重量は艦の性能にとってマイナスだと不満が持たれ、Z31は再び改造されて前甲板の武装は10.5cm砲単装砲塔1基にされた。いずれの艦も対空火器は竣工時の3.7cm機関砲4門から強化された。Z31は最終的に14門、Z33とZ34は各6門に増備された。2cm機関砲もZ33では竣工時の10門から16門に、Z34では18門に増備された。

動力
Powerplant

　1936A（MOB）の動力装備もヴァグナー社製タービン2基と同社製ボイラー6基だった。補助動力は、200kwタービンは1基のみ、80kwディーゼル発電機は4基が装備されていた。

TYPE 36B (MOB) Z35 CLASS
1936B（MOB）型　Z35級

　このクラスは5隻が発注され、Z35、Z36、Z43がキールのゲルマニアヴェルフト社、Z44とZ45がブレーメンのデシマグ社で建造された。Z35とZ36はブレーメンに曳航されていき、艤装の最終段階はデシマグ社によって実施された。

　Z35は1941年6月6日起工、1942年10月20日進水、1943年9月22日就役。1944年12月9日、僚艦4隻と共にエストニア沿岸水域での機雷敷設任務に出撃し、12月12日、濃霧の中で誤って味方の機雷原に進入し、Z35とZ36が触雷して沈没した。

最後に建造された駆逐艦グループの1隻、Z39。この艦の塗装とカムフラージュも、大戦後期の典型的な例のひとつである。

Z36は1941年9月15日起工、1943年5月15日進水、1944年2月9日就役。Z35と並んで1944年12月12日に触雷、沈没した。

　　Z43は1942年5月1日起工、1943年9月15日進水、1944年5月31日就役。1945年4月上旬、バルト海沿岸でソ連軍地上部隊砲撃に当たっている時、触雷して損傷を受けたが、応急修理後、作戦を継続した。5月2日、キールに帰還し、翌日、自沈処分された。

　　Z44は1944年1月20日進水。1944年7月、デシマグ社の構内水面で艤装工事が進められている時、英国空軍の爆撃を受け、半ば沈んで着底し、戦後に解体された。

　　Z45は船台上で被弾して損傷し、戦後に解体された。

1936B（MOB）型の要目
全長　　127m
全幅　　12m
吃水　　4.5m
最大排水量　3,542トン
燃料油搭載量　825トン（最大）
最大速度　37ノット（69km/h）
最大航続距離　2,900浬（5,370km）
主砲　12.7cm砲5門（単装砲塔5基）
高角砲　3.7cm高角機関砲8門（連装砲架4基）
　　　　2cm高角機関砲15門（四連装砲架3基、単装砲架3基）
魚雷　53.3cm魚雷発射管8基（四連装装架2基）
爆雷　投射器4基
機雷　最大76基搭載
乗組員　士官・下士官兵　合計332名

艦長
Z35
1943年9月～1944年12月　ベトゲ中佐

Z36
1944年2月～1944年12月　フライヘア＝フォン＝ハウゼン中佐

Z43
1944年8月～1945年5月　ランベ初級大佐

改造
Modification

　このクラスの3隻は12.7cm砲5門（単装砲塔5基）装備で建造され、この主砲配置には変更がなかった。しかし、他のクラスの駆逐艦と同様に、対空火器は大戦末期に強化された。

動力
Powerplant

　1936Bの動力装備もヴァグナー社製タービン2基と同社製ボイラー6基である。補助動力は200kwタービン発電機が1基のみ、80kwディーゼル発電機は4基である。

点々とフラッドライトを浴びて、ヴィルヘルムスハーフェンのいわゆる"ブリュッヒャー・ブリュッケ"（ブリュッヒャー橋）沿いに碇泊しているZ2、ゲオルク・ティーレ。すばらしい雰囲気の夜景であり、もちろん、大戦前の写真である。艦橋の前面が曲線である1934型のオリジナルのスタイルである。

WARTIME SERVICE
第二次大戦中の作戦行動

開戦からナルヴィク作戦まで

　1939年9月1日、ドイツはポーランドに侵攻し、ここで第二次大戦が始まった。この時、ドイツ海軍の作戦行動可能な駆逐艦は3隻を除いた全艦がバルト海に配備されていた。これらの駆逐艦はポーランドの艦艇と船舶が港湾から脱出するのを阻止するため、哨戒任務についた。9月3日、レーベレヒト・マース（Z1）とヴォルフガング・ツェンカー（Z9）がダンツィヒ湾のヘーラ軍港の沖でポーランドの駆逐艦、機雷敷設艦各1隻と砲戦を交え、それに参加した沿岸砲台の15cm砲弾1発がZ1に命中、死傷8名の損害を受けた。これがドイツ海軍駆逐艦の最初の戦闘被害となった。戦闘は短時間で終わり、ドイツの駆逐艦の2隻はこの水域を離れ、ポーランドの2艦はヘーラに帰還したが、間もなく急降下爆撃機によって撃沈された。

　ポーランド海軍の兵力は弱体であり、ドイツ海軍の強力な部隊をバルト海に配備することは不要であって、少数のポーランドの潜水艦の攻撃目標にされるだけかもしれなかった。このため駆逐艦部隊は西方の水域に後退することになった。

　駆逐艦部隊にあたえられた新しい任務は、東フリースラント諸島、ヘルゴラント湾、スカゲラク海峡に及ぶ、ドイツ沿岸湾曲

1934型の前甲板の砲塔2基が見事に捉えられている。後部の覆いがない"アントーン"砲塔の後方では、砲員のひとりが次発砲弾装填の準備を整えている。

部に英国海軍の艦艇が進入してくるのを防ぐための機雷原敷設作業だった。16隻の駆逐艦は9月の末までの日数をかけて見事に機雷敷設作業を完了し、その間、それ以外の駆逐艦はスカゲラク海峡で密輸船の哨戒に当たり、国際ルールに従って違反船を拿捕した。ポーランド侵攻作戦が終結すると駆逐艦部隊は全て、1939年10月～1940年2月にかけて英国沿岸での機雷原敷設の任務についた。この作戦は大きな成功を収め、英国の艦艇、船舶の損害が続いた。

　12月7日、ハンス・ロディー（Z10）とエーリヒ・ギーゼ（Z12）はノーフォーク沖合に機雷120基を敷設した後、英国海軍の駆逐艦、ジュノーとジャージーに遭遇し、敵に気づかれる前に魚雷を扇状に発射し、ジャージーに大きな損害をあたえた。そして、英艦が潜水艦の攻撃を受けたものと判断し、とまどって行動している間に、ドイツの2隻はこの水域を離脱した。大戦の初期にはドイツ海軍は軽巡洋艦によって、機雷敷設任務から帰還してくる駆逐艦を護衛する戦術を取った。

　通常の状況では小型艦を大型艦の護衛に当てるのだが、ドイツ海軍はその逆の戦術を取り、その戦術と、ドイツの駆逐艦の動力装置の悪名高い低信頼性とが結びついて、ドイツ海軍に最初の危険な場面のひとつをもたらした。

　1939年12月12日、軽巡ニュルンベルク、ケルン、ライプツィヒの3隻は、タイン河河口での機雷敷設任務から帰還してくる駆逐艦5隻の護衛に当たるために北海に出撃した。軽巡の側は知らないことだったが、ブルーノ・ハイネマン（Z8）は機関部で重大な故障が起こり、艦内では火災が発生していた。Z8は停止して、1時間以上も鎮火作業に当たらねばならず、その間、エーリヒ・シュタインブリンク（Z15）は周囲に留まって護衛に当たった。一方、軽巡3隻はその翌日まで会合地点で待たねばならず、これが英軍の潜水艦サーモンにとって絶好の目標となった。ニュルンベルクとライプツィヒは魚雷命中によって大きな損傷を受けた。幸いなことに、爆雷攻撃を受けると予想したサーモンは高い深度に潜航し、"座り込んだ鴨"同然の軽巡2隻を再度攻撃しようとはしなかった。

　しかし、危険な状況はそれだけでは終わらなかった。損傷した軽巡がよろめきながらヴィルヘルムスハーフェンに向かう途中に、英軍の別の潜水艦アルシュラが待ち伏せしていた。この艦が発射した魚雷は軽巡には命中しなかったが、護衛艇F9を直撃した。F9は大爆発を起こし、多数の死傷者が発生した。この戦闘以降も、駆逐艦の機関システムの信頼性の低さが、ドイツ海軍に重大な結果をもたらした事例はいくつも起きた。

見とれている大勢の人々の前に碇泊しているZ21、ヴィルヘルム・ハイドカンプ。1936型の他の艦と同様に、この艦は鋭いクリッパー型の艦首スタイルで建造された。煙突キャップが以前の型より小さいのも、竣工時からのスタイルである。

1940年2月に入ると駆逐艦部隊が大きな損害を被る事態が発生した。第1駆逐戦隊の6隻、リヒャルト・バイツェン (Z4)、テオドール・リーデル (Z6)、レーベレヒト・マース (Z1)、マックス・シュルツ (Z3)、フリートリヒ・エッコルト (Z16) は機雷敷設任務のために出撃し、ドッガー・バンク水域に向かった。2月22日、護衛部隊の誘導を受けて味方の防御機雷原を無事に通過した直後に、この戦隊は航空攻撃を受けた。当然、彼らは敵機による攻撃と判断したが、実は第26爆撃航空団第II飛行隊のハインケルHe111の編隊だった。投弾の腕前は良く、Z1は直撃弾を受けて沈没し、人名損害は大きかった。Z3も命中弾を受けて沈没したと判断されたが、爆撃を回避するための運動中に味方の機雷原に入り、触雷したという見方もある。いずれにしてもZ3は沈没し、乗組員の大半は戦死した。事件についての査問の結果、次のような点が明らかになった。空軍は爆撃機部隊がその水域で作戦行動することを海軍最高司令部に通告していたが、海軍の中ではその情報が駆逐戦隊のレベルまで伝えられていなかった。一方、海軍の側は、この水域で艦艇が行動することを空軍に通報していなかった。駆逐艦2隻と、その乗組員の大半が喪われた事故の原因は、全面的に海軍の失策だったのである。

　しかし、その後にはドイツ海軍にとってもっと重大な厄災が待っていた。1940年4月、ドイツ軍は"ヴェザーユーブング"（ヴェザ演習）作戦——ノルウェー侵攻作戦——の準備を完了した。この時期にドイツ海軍が保有していた20隻の駆逐艦のうち、14隻がこの作戦に当てられた。北極海に近い要港、ナルヴィク占領の任務につく第1グループは駆逐艦10隻のみで編成され、全艦、第3山岳兵師団の将兵をナルヴィク港まで輸送し、必要に応じて砲撃・雷撃によって上陸作戦を支援するように計画されていた（他の10カ所の港湾占領に当たる艦艇グループの任務も同様だった）。トロンヘイム占領を目指す第2グループは重巡ヒッパーと駆逐艦4隻で編成され、4月7日、2つのグループは並んでヘルゴラント湾から北へ向かった。激しい波浪によって艦は酷い横揺れと上下動を続け、広

ゴーテンハーフェンの岸壁に横付けされているZ13、エーリヒ・ケールナー。この写真には前部煙突、艦橋、前部砲塔、艦の中央部がきれいに写っている。2つの砲塔の砲身には砲身防水布（ブラストバッグ）が取りつけられている。艦橋の前面の角張った形が特に目立って見える。

1934A型、Z16、フリートリヒ・エッコルトの大戦前の姿。この型は写真に写っている通り、やや反った艦首スタイルで建造された。太い煙突と大きな煙突キャップは、初期のドイツ駆逐艦の特徴である。艦は登舷礼の体勢を取り、乗組員は整った服装で上甲板に横一列に整列している。

Z21、ヴィルヘルム・ハイドカンプ。ほぼ真横から撮影したこの写真は、ドイツの駆逐艦のスマートなスタイルを見事に捉えている。

い空間での生活にしか慣れていない山岳兵たちは、駆逐艦の狭い区画に詰め込まれた上に、恐ろしい船酔いに苦しめられた。

4月9日の夜明け前、ナルヴィクに至るオフォトフィヨルドの入口に達した第1グループは、激しい雪嵐の中でノルウェーの小型沿岸哨戒艇2隻に遭遇した。この2隻は基地へもどるようにドイツ艦に命じられ、兵力の差があまりに大きいので抵抗できず、命令に従った。しかし、それから間もなく、第1グループの前にノルウェーのもっと大型の沿岸防御戦艦エイツヴォールが現れた。旧式艦ではあるが、21cm砲2門を装備し、ドイツの駆逐艦に大きな損害をあたえる攻撃力を持っていた。第1グループはノルウェー側の指示に従って停止し、軍使を送って交渉に当たった。ドイツ側はノルウェー側が降服の説得を容易に受け容れる可能性はないと予想し、交渉が続いている間に魚雷発射管をエイツヴォールに向けておいた。予想された通り、ノルウェー側は譲歩を拒否し、軍使が乗った内火艇がエイツヴォールを離れると同時に、旗艦ヴィルヘルム・ハイドカンプ（Z21）が魚雷を発射した。ノルウェーの小型戦艦は主砲をドイツの駆逐艦に対して発射する時間もなく、撃沈された。

その後、ナルヴィクより手前の地点と、フィヨルドのもっと奥の地点とに山岳兵を揚陸するために、2隻と4隻の駆逐艦が本隊から離れ、0600時過ぎに旗艦ヴィルヘルム・ハイドカンプ（Z21）以下4隻がナルヴィクの港口に到着した。港内にはエイツヴォールの姉妹艦、ノルゲが在泊しており、ドイツ駆逐艦の接近の通報は受けていた。第1グループの指揮官は、この場面ではスピードが最適の武器だと判断し、4隻が高速で港内に進入した。そして次々に岸壁に横付けして、ノルゲとの砲戦を続けながら、山岳兵を上陸させた。ノルゲはベルント・フォン＝アルニム（Z11）が発射した魚雷2本が命中して沈没した。これを見たノルウェー軍部隊は抵抗を停止し、それ以降、ナルヴィク占領は順調に進んだ。

ドイツの駆逐艦部隊には不安定な状況が続いた。どの艦も至急に燃料を補給する必要に迫られていたのである。第1グループの行動を支援するために艦隊給油艦3隻が派遣されていたが、1隻は途中で撃沈され、1隻は拿捕されて、ナルヴィクに到着しているのはヤン・ヴェーレムのみだった。しかし、これは捕鯨母船を改造した艦であり、給油ポンプの能力が十分ではなかった。このため、ナルヴィクの港内で給油艦の左右に繋留された2隻の駆逐艦が給油を受け、3隻目が近くで護衛の位置につき、それ以外の艦は周辺の数か所のフィヨルドで待機する状態になった。海軍西部グループ司令部は駆逐艦が速やかにナルヴィクを出発するように命じたが、9日の夕刻までに給油を完了したのは2隻のみだった。

4月10日の早朝、英国海軍第2駆逐戦隊の5隻がオフォトフィヨルドに進入した。英軍にとって幸運なことに、ナルヴィク港内にいたディーター・フォン＝レーダー（Z17）は給油を受けるために哨戒配置を離れ、港内に入っていたので、奇襲の意図は成功した。0530時、港口に接近した英艦のうち、2隻は沿岸防護施設を砲撃し、3隻はもっと接近して港口を横切り、港内のドイツ艦5隻に砲撃を浴びせ魚雷を発射した。ヴィルヘルム・

ハイドカンプ（Z21）とアントーン・シュミット（Z22）は魚雷の命中によって沈没した（後者は艦体が2つに折れた）。ヘルマン・キュンネ（Z19）は近い距離にいたZ22の強烈な爆発と至近弾によって機関が損傷し、一時行動不能に陥った。ハンス・リューデマン（Z18）は砲弾によって操舵装置に損傷を受けた。最も港口に近い位置にいたディーター・フォン＝レーダー（Z17）は応射した唯一の艦であり、魚雷命中はなかったが、集中的に敵弾を浴び、外洋航行は不可能な状態に陥り、13日の戦闘の際に港内で撃沈された。

英軍は察知していなかったが、ナルヴィク港の北方、ヘルヤングスフィヨルドではエーリヒ・ギーゼ（Z12）、エーリヒ・ケールナー（Z13）、ヴォルフガング・ツェンカー（Z9）が給油の順番を待っていた。彼らはナルヴィクの状況を知り、戦闘態勢に入っていた。英艦の隊列はナルヴィク港口を通過すると、脱出するために西へ転針し、その時にドイツ艦3隻が攻撃を開始した。西の方のフィヨルドで待機していたゲオルク・ティーレ（Z2）も戦闘に参加した。この戦闘で英軍の駆逐艦、ハーディーとハンターが撃沈され、ホットスパーが大きな損傷を受け、ドイツ側ではZ2が激しく損傷した。第1グループの駆逐艦は8隻に減り、そのうちで十分に戦闘行動可能なのは4隻のみになった。

戦闘はまだ続いた。4月13日、英国海軍は強力な部隊を送り込んできた。兵力が低下したドイツの駆逐艦部隊の前に現れたのは、駆逐艦9隻と、その支援に当たる戦艦ウォースパイト（38.1cm砲8門装備）である。エーリヒ・ケールナー（Z13）はヘルマン・キュンネ（Z19）と共に防御配置につくため、1030時に出港し、オフォトフィヨルドを西に向かったが、正午前、ウォースパイトの艦載機に発見された。Z13は戦艦の砲撃によって大損傷を受け、艦長の命令によって自沈した。Z19は後退しながらも砲戦を続け、全弾を撃ち尽くした後に自沈した。

正午頃、Z19から敵発見の通報が入り、可動状態の4隻はただちに港外に出撃した。機関不調のために出港が遅れたエーリヒ・ギーゼ（Z12）は1400時頃、港口附近で戦艦の砲撃によって撃沈されたが、その前に敵の駆逐艦パンジャビに大損害をあたえた。10日の戦闘で損傷していたディーター・フォン＝レーダー（Z17）は岸壁に繋留されたまま敵の数隻と砲戦を交え、撃沈されたが、コザックにかなりの損害をあたえた。

港外に出た4隻の戦いはナルヴィク北方の海面で始まり、ロンバーケンフィヨルドの奥に移っていき、どちらが優勢ともいえない混戦が2時間あまり続いた。ゲオルク・ティーレ（Z2）は英艦エスキモーに魚雷を命中させ、艦首を吹き飛ばしたが、弾薬をすべて発射した後、陸岸に高速で乗り上げ、艦体は挫屈した。ベルント・フォン＝アルニム（Z11）、ヴォルフガング・ツェンカー（Z9）、ハンス・リューデマン（Z18）はいずれも、全弾発射の後、自沈装置を作動させて乗組員は全員脱出した。Z18の自沈装置は作動せず、英艦ヒーローの魚雷によって撃沈された。

ナルヴィク作戦はドイツ海軍に大打撃をもたらした。4月10日と13日の戦闘で駆逐艦兵力の半数、10隻を喪った。奇妙なことに、これだけの大きな損失によって、大きな不安が生まれることはなかった。それは、ノルウェー侵攻作戦自体が全体として成功であり、ナルヴィクの占領と防衛は成功したと公表され、駆逐艦の大量損失は大損害と見られるよりも、英雄的な戦いの結果だと判断され、海

Z7、ヘルマン・シェーマンのこの写真は、艦首に反りがない1934A型の早い時期の特徴をはっきり示している。この艦は1942年5月、バレンツ海で英軍の軽巡エディンバラの砲弾を受けて大破し、乗組員によって自沈処分された。

Z15、エーリヒ・シュタインブリンクの大戦前の姿。Z20以降の駆逐艦は全部、目立ったクリッパー型の艦首になったが、Z15の艦首はほとんど反りがない

軍の中で誰も責任を問われる者がなかったためかもしれない。しかし、ナルヴィク攻防戦による損失の結果、駆逐戦隊4個が解隊され、秋になってZ23〜Z25が新たに就役したが、1940年末の駆逐艦兵力は13隻に過ぎなかった。

北海、英国海峡、ビスケー湾での戦い

　その後、ドイツの駆逐艦部隊は、北海で重巡洋艦の護衛に当たる行動が多かった。重巡は商船を攻撃する作戦によって、ある程度の戦果をあげた。1940年6月下旬、フランス西部全体がドイツの占領下に入ると、ドイツ海軍は絶好の基地をいくつか確保し、英国本土の南部と西部の水域を航行する船舶に対する攻撃を展開しやすくなった。撃沈戦果は増したが、小型の沿岸航路船舶が主であり、その水域に出撃するドイツ艦艇は、すぐに姿を現す英軍の駆逐艦や軽巡に撃退される例が多かった。しかし、1940年11月28日、ドイツの駆逐艦3隻──、ハンス・ロディー（Z10）、カール・ガルシュター（Z20）、リヒャルト・バイツェン（Z4）──は英軍の小型沿岸哨戒艇2隻を攻撃している時、英軍の駆逐艦5隻が現れたが、この時はいつもと違って退却しようとはしなかった。そして、速度を上げ、英艦の隊列と併行するコースを取り、魚雷を発射した。魚雷2本が英艦ジャヴェリンに命中し、艦首と艦尾を吹き飛ばした。1隻が落伍してもまだ兵力優勢な敵を相手に、ドイツの駆逐艦は砲戦を続けたが、最初の戦果で満足したためか、やがて針路を変えて引き揚げに移った。ドイツ側の3隻は多少の損害を受けてはいたが、人的損害は皆無であり、高速を活かしてすぐに英艦の射程の外に出た。一方、大破したジャヴェリンは僚艦に曳航されて基地へ帰り、戦列に復帰するまでに1年間の修理作業が必要だった。

　1941年の夏、第6駆逐戦隊の5隻──ハンス・ロディー（Z10）、ヘルマン・シェーマン（Z7）、カール・ガルシュター（Z20）、フリートリヒ・エッコルト（Z16）、リヒャルト・バイツェン（Z4）がバレンツ海での作戦行動のために派遣された。ムルマンスク地区の

大戦中のZ10、ハンス・ロディー。大戦中のドイツ駆逐艦は様々なパターンの迷彩塗装を施されたが、このZ10のカムフラージュはあまり奇抜ではなく、ドラマティックでもないパターンである。

ソ連海軍の駆逐艦部隊と戦うのが目的だった。対ソ開戦と同時に、ドイツ軍はノルウェーの北東端地域からコラ半島のソ連領に進攻し、この地域で最も重要な不凍港、ムルマンスク攻略を目指した。ソ連軍はこの進撃を阻止するために全力をあげ、この地区の駆逐艦部隊もその戦いの支援に当たると見られたためである。

第6駆逐戦隊は7月10日、基地となるノルウェー領のキルケーネスに入港した。12日、会敵することなくバレンツ海でのパトロール任務を終え、基地に帰る途中でソ連の小さい護送船団に遭遇した。ドイツの駆逐艦は護衛についていた武装トレーラー2隻を、ただちに砲撃によって撃沈した。その後、二度にわたって航空攻撃を受けたが、1機撃墜の戦果をあげて撃退した。7月22日には4隻がコラ湾口から100km以上東に進出したが、戦果は調査船1隻を撃沈し、水上機1機を撃墜しただけだった。7月29日に計画された3回目の出撃は中止され、4回目の8月9日の作戦行動では3隻がコラ湾口とその沖合のキルディン島に向かい、小型哨戒艇1隻を奇襲して撃沈した。しかし、その後、沿岸からの砲撃と強烈な航空攻撃を受けて、リヒャルト・バイツェン（Z4）が損害を被った。このようにあまり目立った結果のない作戦行動が、1941/42年の冬の間のドイツ駆逐艦部隊の活動の代表的な例であり、持っている戦力を十分に発揮するという状態とは程遠かった。

駆逐艦部隊が重要な役割を担った次の主要な作戦は"ツェルベルス"作戦いわゆる"チャンネル・ダッシュ"作戦である。この作戦が計画された時には駆逐艦部隊はすべて、遙か北方の海域、本土周辺水域、または、バルト海に配備され、フランス内の海軍基地には1隻も置かれていなかった。ブレスト軍港に在泊している戦艦シャルンホルストとグナイゼナウ、重巡プリンツ・オイゲンの大型艦3隻が、イギリス人の鼻先同然の危険な水域、英国海峡とドーヴァー海峡をうまく突破して本国の基地に移動する作戦には、多数の小型護衛艦艇が必要であることは明白だった。このため、リヒャルト・バイツェン（Z4）、パウル・ヤコビ（Z5）、ヘルマン・シェーマン（Z7）、ブルーノ・ハイネマン（Z8）の4隻が、1942年1月24日、キールから出港するように命じられた。その翌日遅く、ブルーノ・ハイネマンが触雷し、損傷が激しいために放棄せざるを得なかった。乗組員の死者は90名以上に達した。翌26日の早朝、残った3隻はル・アーヴルに入港し、遅れていたフリートリヒ・イーン（Z14）と比較的新しい1936A型のZ25とZ29も、ここで先着の3隻と合流した。

2月11日の夕刻、大型艦3隻を中心とした隊列は駆逐艦6隻が先頭と側面護衛の位置について、ブレストを出港した。夜の闇の中で、隊列は英国海峡を北東に向かって順調に進み、翌朝の1130時頃に英軍の行動が始まるまで、その状態は続いた。駆逐艦の中で最初に戦闘に入ったのはフリートリヒ・イーンである。1230時頃、接近を図る英軍の高速魚雷艇5隻、高速砲艇2隻の戦隊を迎撃し、沿岸砲台の長距離砲弾の落下水面を避け、魚雷を回避しながら戦って撃退した。この艦は、この戦闘の直後に現れたソードフィッシュ雷撃機6機編隊の1機も撃墜した。

この雷撃機攻撃に始まって、延べ600機以上の航空攻撃が続いたが、いずれもドイツの艦艇が撃ち上げる対空砲火のカーテンと、上空に間断なく展開された戦闘機掩護によって制圧された。この戦闘の間、駆逐艦は敵機が投下する魚雷や爆弾を回避するために、激しい運動を重ねた。リヒャルト・バイツェンは爆撃機1機を撃墜した。Z39は機関故障を起こし、護衛に当たっていた15隻の水雷艇のうちの3隻が撃沈され、戦艦2隻は触雷損傷を受けたが、駆逐艦部隊に関する限り、この作戦は成功裡に終わった。

1941年6月以降、ドイツはフランスの大西洋岸でいくつも好適な海軍基地を握ったのだが、これを活かして行動したのは駆逐艦部隊ではなく、主に水雷艇、Eボート、Uボートの部隊だった。これらの基地を使用した駆逐艦の作戦行動は主に機雷敷設と、帰還し

てくるUボートや封鎖突破船がビスケー湾を横断する時、基地まで護衛する任務だった。このような護衛任務の際に、英軍機の攻撃によって大きな損傷を受ける駆逐艦は少なくなかった。

　前にも述べたように、時には艦艇同士での戦闘も発生した。1943年12月28日、極東から帰還してくる封鎖突破船、アルシュターウーファーの護衛に当たるために、第8駆逐戦隊のZ24、Z27、Z32、Z37の4隻と水雷艇5隻がビスケー湾に出撃した。この突破船はその前日の夕方近く、フィニステール岬の北西500浬（926km）の地点で英軍機の攻撃を受けて沈没していたのだが、ドイツ側は察知していなかった。そして、アルシュターウーファー捜索に出撃していた英軍の2隻の軽巡、エンタープライズとグラスゴーは、この水域にドイツの駆逐戦隊が行動していることを通報され、迎撃に向かった。

　独英双方の戦隊は28日の午後早い時刻に遭遇した。通常の状況の下では、強力な魚雷装備を持つ小型艦多数の方が軽巡2隻に対して有利に戦える可能性が高い。しかも、この時のドイツの駆逐艦は各々、英国の軽巡の主砲に近い15cm砲4門を装備していた。しかし、ドイツ側にとって不運なことに、この日は強烈な風の下で海は大荒れだった。ドイツの艦艇は2隻の英艦に対して30本以上の魚雷を発射したが、この海面の状態では正確な照準は不可能であり、まったく目標に命中しなかった。一方、砲撃ではドイツの艦艇も英軍の軽巡も、信じがたいほど精度が高く、数回の斉射により敵の隊列の手前と後方に夾叉＊着弾させた。

　＊訳注：夾叉（挟むという意味）砲撃。艦砲の斉射の時、目標に対して遠弾と近弾を発射して目標を前後に夾叉し、その落下点を見て次発の射距離を修正していき、命中射距離に近づける砲撃の技術。

　ドイツの戦隊にとって不運なことに、エンタープライズが放った1発がZ27のボイラー室のひとつに命中し、大きな火災が発生した。Z27は砲撃を続けたが、機関の出力低下と共に速度が落ちていき、ついに停止して波間を漂い始めた。1時間ほど隊列同士の戦闘が続いた後、グラスゴーがたまたま、漂流中のZ27に遭遇し、接近して15cm砲三連装砲塔4基の一斉射撃を浴びせた。Z27は弾薬庫の爆発を起こして、見る間に沈没した。乗組員は艦長を始めとして大半が戦死した。英軍の軽巡2隻は水雷艇2隻を魚雷によって撃沈した後、ほとんど無傷でこの水域から離脱した。

北極海での戦い、そして大戦末期の戦い

　1943年以降、ノルウェーはドイツ海軍の主力艦の主な作戦基地となった。これらの艦は大西洋に出撃する可能性を持ち、同時に北極海を航行する対ソ連補給護送船団に対する脅威でもあるので、彼らをフィヨルド内の隠れ家に封じ込めておくために、米英連合軍はかなり大きな戦力を割く必要があった。ドイツの駆逐艦はこれらの主力艦のノルウェーからの行動の護衛として、大きな役割を担っていた。

　1942年3月28日の夕刻、Z24、Z25、Z26の3隻は護送船団PQ13を捜索するために、キルケーネスから出撃した。この戦隊はまず1隻の救命ボートを発見した。それにはPQ13の中で航空攻撃によって撃沈された貨物船の船員が乗っていた。救助された船員が船団の位置を洩らしたため、戦隊は船団の追跡に移った。3隻の駆逐艦は間もなく落伍した貨物船1隻と遭遇し、ただちに撃沈した。天候は悪化し視程が定価していく中で、ドイツの戦隊は船団を発見し、護衛の駆逐艦5隻、軽巡1隻との戦闘が始まった。Z25とZ26はかなりの損傷を受け、英軍の側では軽巡トリニダッドが被弾したが、戦闘力の低下はなかった。トリニダッドはZ26を攻撃しながら追い詰め、この艦の運命は決まったかと思われた。Z26は主砲1門で応戦するだけだった。トリニダッドは止めの一撃、魚雷3本

を発射しようとしたが、ここで信じがたいことが起きた。魚雷2本は発射管を離れず、発射された1本は何の故障のためか、180度転針して軽巡の舷側に向かって走り、艦首に命中したのである。Z26は低速でよろめきながら離脱しようと試みたが、今度は英軍の駆逐艦エクリプスに捕捉された。この時にも信じがたい状況が起きた。この英艦がZ26に接近して攻撃を始めようとした時に、天候が一転して見通しが拡がり、Z24とZ25が損傷した僚艦を援護しようとして迫ってきているのが見えたのである。激しい砲撃を受けて損傷したエクリプスは避退に移った。Z26は撃沈される危機は逃れたものの、損傷の程度が酷いため、僚艦2隻はZ26に自沈用の爆破装置を仕掛け、乗組員を収容してキルケーネンに向かった。

Z6、テオドール・リーデルの艦の後方三分の二ほどの姿。3番砲塔と4番砲塔は左舷に向けられ、カバーのない砲塔後部が見えている。艦尾に近い舷側の低い位置に取りつけられている構造物は、艦体が岸壁や防波堤に衝突するのを避け、そのような時にその真下の位置にあるスクリューが損傷するのを防ぐためのフェンダーである。

1942年4月の末、北極海駆逐戦隊の3隻は、英軍の軽巡エディンバラを発見し、仕止めるように命じられて出撃した。この軽巡はムルマンスクから西へ向かう護送船団QP11の護衛についていたが、4月30日にU-456の魚雷2本命中によって大損傷を受け、船団を離れていた。ドイツ側には知られていなかったが、米国からの援助物資に対するソ連からの支払いに充てられる金塊がこの艦に搭載されていたのである。

5月1日の朝、ドイツの駆逐艦3隻はエディンバラと護衛の掃海艇数隻を発見した。3隻が雷撃に適した位置につこうとした時、航行不能状態のエディンバラが発射した主砲弾数発がヘルマン・シェーマン（Z7）の機関室に命中し、同艦のタービンが停止した。艦長は被害の状態から判断し、自沈準備を下命した。Z25は煙幕を張り、Z24はZ7の乗組員を収容して、離脱に移った。その時に発射した魚雷がエディンバラに命中し、この艦も救助は不可能と判断され、翌朝、味方艦の魚雷によって処分された。そして、金塊は艦と共に沈没した。

1942年7月初旬、北極海のドイツ駆逐艦はソ連に向かう護送船団PQ17攻撃作戦に参加したが、成果は皆無だった。これは水上艦艇、Uボート、空軍の協同作戦として計画され、強力な2つの艦艇部隊がノルウェー最北部の根拠地、アルタフィヨルドに集結した。しかし、この段階で重巡リュッツォウと駆逐艦3隻が座礁して、作戦に参加できなくなった。7月5日の午後、戦艦ティルピッツ、重巡アドミラール・ヒッパー、アドミラール・シェーア、駆逐艦7隻、水雷艇2隻の強力な戦隊がアルタフィヨルドから出撃した。しかし、ドイツ海軍の動きを察知した英国海軍は、前夜のうちにPQ17の船舶は散開して個々にムルマンスクに向かうように命じ、護衛の巡洋艦4隻は船団を離れた。この状況の下でUボートと空軍部隊はすぐに大きな戦果をあげ始めた。このため、カプノール沖合まで進出していたティルピッツ以下の水上艦隊は、早くも2130時に根拠地への帰還を命じられ、彼らにとってはこの作戦は空しく終わった。

1942年の末にも、連合軍の護衛船団攻撃の作戦を行ったが、不成功であり、作戦自体とは別に大きなマイナスの結果を招いた。護衛が強力ではないと見られるJW51B船団を攻撃するために、ドイツ海軍は12月30日に重巡2隻——アドミラール・ヒッパー、リュッツォウ——と第5駆逐戦隊の6隻——Z29、Z30、Z31、フリートリヒ・エッコルト（Z16）、リヒャルト・バイツェン（Z4）、テオドール・リーデル（Z6）——をアルタフィヨルドから

出撃させた。この部隊は重巡1隻の護衛に駆逐艦3隻を配置した2つの支隊に分かれて行動し、同日の夕刻半ばに船団と接触した。ヒッパーは船団の護衛との砲戦を始めたが、そこに予想していなかった英軍の軽巡2隻、シェフィールドとジャマイカが現れた。不意を衝かれたヒッパーは急いでその場を離脱し、その時にフリートリヒ・エッコルトとリヒャルト・バイツェンがそこに接近してきた。2隻はいずれも敵の軽巡が現れたことは知らず、軽巡からの砲撃をヒッパーからのものと考え、零距離射撃の距離に接近するまで、この致命的な判断の誤りに気づかなかった。フリートリヒ・エッコルトは誤りに気づくのが遅く、味方である自艦を砲撃するのは何故かとヒッパーに向けた灯火信号を送りながら接近し、英艦2隻はエッコルトに砲撃を集中した。やや早く状況に気づいたリヒャルト・バイツェンは、暗がりの中に逃れ出て、不運なエッコルトは乗組員全員と共に沈没した。

この戦闘全体のドイツ側の戦果は、船団の商船1隻撃破、護衛の駆逐艦と掃海艇各1隻撃沈のみだった。結果として15.2cm砲装備の軽巡2隻が20.3cm砲装備の重巡1隻と28cm砲装備の元ポケット戦艦1隻を撃退したのである。護衛の駆逐艦の火力もドイツの部隊の方が英軍の部隊より強力だったのだが。

これほど強力な部隊が攻撃に積極的でなかったということにヒットラーは怒った。そして、その結果、主力艦はスクラップにせよという命令が下され（後にその程度は緩められたが）、海軍最高司令官エーリヒ・レーダー元帥は辞任せねばならなくなった。

その後、北極海方面の駆逐艦部隊の作戦行動は、大半が本国との間を航行する大型艦の護衛と、その合間の機雷敷設任務とになった。しかし、燃料不足が作戦行動可能なドイツ艦艇の量に影響し始め、長期間にわたって活動停止したままの艦艇が増していった。駆逐艦の場合は、それに機械的な故障の問題も加わって、行動可能な艦は着実に減っていった。一時期はきわめて高かった駆逐艦部隊の将兵の士気に暗い影が差し始めた。

1943年9月6日の夕刻、駆逐艦9隻——Z27、Z29、Z30、Z31、Z33、エーリヒ・シュタインブリンク（Z15）、カール・ガルシュター（Z20）、テオドール・リーデル（Z6）、ハンス・ロディー（Z10）がアルタフィヨルドから出撃し、スピッツベルゲン島に向かった。駆逐艦は数百名の陸軍部隊を輸送し、駆逐艦と2隻の戦艦、ティルピッツとシャルンホルストの強力な掩護射撃の下に地上部隊を上陸させ、ノルウェー軍が守備しているこの島を制圧するのがこの作戦の目的だった。これだけ強力な兵力を投入したドイツ軍にとって、作戦は計画通りに進行した。しかし、守備隊も戦わないで降伏したわけではなかった。Z29、Z30、Z31が沿岸砲台との砲戦で数発を被弾した。この作戦成功の結果は小さなものであったが、作戦に参加した海軍の将兵の士気を高める効果はあった。しかし、この作戦が戦局に及ぼした影響はほとんどなく、数週間後に連合軍はこの島の支配権を取りもどした。

1943年12月25日、戦艦シャルンホルストは護送船団JW55を攻撃するため、第4駆逐戦隊の5隻の駆逐艦——Z29、Z30、Z33、Z34、Z38と共にアルタフィヨルドから出撃した。駆逐艦は護衛の位置について外洋に出たが、強い波浪の中で行動が難しくなり、戦艦から分かれて敵の商船に対する索敵攻撃に移るように命じられた。そして、敵船に遭遇することなく帰還したが、単艦で行動したシャル

岸壁に横付けしているZ6、テオドール・リーデル。この写真で特に興味深いのは、前部煙突の後部側面を上に向かって延びている蒸気パイプの列である。この種のパイプの配列については、建造に当たった造船所が各々独特のパターンを持っており、これによってどの造船所で建造されたのか判断することができた。

Z6、テオドール・リーデル。ドイツの駆逐艦の様々な迷彩塗装の中で、これは濃いグレーの破断パターンの密度が特に高い例である。

ンホルストは26日朝から英軍の戦艦デューク・オブ・ヨーク以下の多数の艦と交戦し、夕刻に撃沈された。

　1944年は駆逐艦部隊にとっては活動の場面が乏しい期間だった。あまり重要ではない護衛の任務が続き、機械的な故障に苦しめられる艦が多かった。フランス内の海軍基地に連合軍の地上部隊が迫ってくると、そこに配備されていた駆逐艦はバルト海に移動し、重巡プリンツ・オイゲンなどの大型艦と共に東部水域で沿岸砲撃の任務についた。エストニアのエゼル島からの陸軍部隊の撤退作戦の際にも駆逐艦が活躍した。11月20〜24日にわたり、Z25、Z35、Z36、Z43が大型艦、多数の水雷艇と共にソ連軍に砲撃を浴びせ、その掩護の下に23/24日の夜、地上部隊4,700名が艀で無事に撤退した。

　1944年12月12日、再び駆逐艦部隊に大きな損害が発生した。第6駆逐戦隊の駆逐艦3隻と水雷艇2隻がエストニア沖合に機雷敷設任務のために出撃した。厳格な無線封止とレーダー使用停止が命じられ、全艦が灯火を消して暗闇の中を航走した。戦隊が目的地点に接近した時、天候が悪化し、数隻が正確な位置を把握できなくなった。自軍が敷設した機雷原が近くにあり、非常に危険な状態に陥った。1400時の少し前、Z35が触雷し、機雷の爆発に続いて大爆発が数回続いた。すでに安全装置を解除してあった搭載機雷が次々に爆発したのである。艦体は前後に折れて沈没した。そして、その数分後にZ36も同じ運命に陥った。残った3隻は針路を変え、強風と激しい波浪の中で慎重に西へ進み始め、乗組員は大量に搭載してある機雷の安全装置を作動状態にもどす作業を注意深く進めた。

　1945年の初め、他の地区に残っていた駆逐艦の大半もバルト海に移動し、他の多くの生き残りの艦艇と共に、東部戦線でソ連軍の強圧に曝されている味方地上部隊を支援するため、沿岸砲撃の任務についた。

　しかし、ノルウェー水域から本国水域への航行は困難が多かった。駆逐艦は英軍の巡洋艦に狙われたのである。高速を活かして最終的には敵を振り切ることができたが、敵弾によりかなりの損害を被る艦もあった。

　バルト海で駆逐艦はきわめて忙しく活動した。ソ連海軍の艦艇が西方に進入してくるのを防ぐために、防御機雷原を着実に維持する任務が続いたのである。バルト海東部の港湾から本土の比較的安全な地域へ、民間人と傷病兵を輸送する船舶を護衛する任務も続いた。

　大戦の終結の数週間前に、Z34はコルベルク附近での艦砲射撃により戦車12両破壊の戦果確認をあたえられた。一方、Z28は1945年3月6日、同様な任務の途中でサスニッツに入港している時に、ソ連の急降下爆撃機によって撃沈された。ドイツ空軍は燃料不足のために活動停止に近い状態に陥っており、駆逐艦程度の艦には上空掩護はなかった。

駆逐艦は大戦末期に対空火器増備を受けてはいたが、やはり航空攻撃には脆弱だった。

大戦の最終期に駆逐艦部隊が果たした最も重要な任務は、大量の避難民を輸送する船舶の護衛だった。人々はソ連軍の手に落ちることを避けようと必死になって努め、客船や貨物船だけではなく、護衛の艦艇にも数千人が乗り込んだ。

ドイツ第三帝国の最後が刻一刻と迫っている時、多くの駆逐艦がコペンハーゲンなどの港を目指して西へ航走していた。しかし、彼らには最後の任務がもうひとつ残っていた。5月6日、ハンス・ロディー（Z10）、カール・ガルシュター（Z20）、フリートリヒ・イーン（Z14）、テオドール・リーデル（Z6）、Z25、Z38、Z39の7隻はダンツィヒ湾のヘーラ軍港に向かった。そこで彼らは降服の前夜、ソ連軍の手に落ちる直前の状態にあった将兵と避難民をさらに22,000名（それまでに撤退させた54,000名の上に）収容したのである。翌朝、降服が発効した時、これらの7隻は安全な港、グリュックスベルクに向かって航行していた。

ドイツ海軍の駆逐艦は大型であり、強力な武装が目立っていたが、機械的な故障と訓練不足の者が多い乗組員の質によって悩まされた。もうひとつの弱点は、過度に慎重な指揮官が多く、彼らが自艦を十分に攻撃的に行動させなかったことだった。しかし、ドイツ海軍の艦艇は通常、兵力優位な敵との交戦を避けるように命じられており、この弱点は個々の指揮官の責任とは言えなかったのかもしれない。

FOREIGN DESTROYERS
戦利品の駆逐艦

少数ではあるが、ドイツ海軍は戦利品として外国から駆逐艦を獲得した。元オランダ海軍のゲラルド・カレンブルグ（1939年10月進水）はZH1としてドイツ海軍に就役し、1944年6月にノルマンディ上陸作戦水域攻撃のために僚艦2隻と共に出撃して、サン・マロー湾で撃沈された。元フランス海軍のロピニアトルはフランス降服時に船台上で建造途中であり、ドイツ海軍はZF2として建造を継続したが、作業が進捗しなかったため、進水まで進まずに1943年に廃棄処分された。旧ギリシャ海軍のヴァシレフス・ゲオルギオス（1938年3月進水）は1941年4月、ドイツ軍によるギリシャ攻略の際に自沈処分されたが、ドイツ海軍は引き揚げて修理し、ZG3（ヘルメスという艦名もつけられた）として使用した。1943年4月、航空攻撃によって損傷を受け、翌月にチュニジアのラ・グーレット港で自沈処分された。ノルウェー海軍が建造中だった駆逐艦、TA7とTA8は、ドイツ海軍がZN4、ZN5と改称して建造を続行したが、サボタージュのため作業が進捗せず、途中で放棄された。

BIBLIOGRAPHY

Breyer, Siegfried and Koop, Gerhard, *The German Navy at War 1939-45*, Vol.1, Schiffer Publishing, West Chester, 1989.

Breyer, Siegfried, *Die deutschen Zerstörer*, in the Marine Arsenal series, Podzun Pallas Verlag, Wolfersheim, 1995.

Breyer, Siegfried, *Die Deutsche Kriegsmarine*, Band 7, Zerstörer und Torpedoboote, Podzun Pallas Verlag, Friedberg, 1991.

Gröner, Erich, *Die deutschen Kriegsschiffe 1815-1945*, Munich, 1982.

Whitley, M.J., *Destroyer! German Destroyers in World War II*, Arms and Armour Press, London, 1983.

カラー・イラスト解説 color plate commentary

A：1934A型

ここに並んだ1934A型の駆逐艦2隻の側面図は、同じクラスの姉妹艦同士の間での細かい相違点と、これらの艦の奇怪に見えることも多い塗装の例を示している。

1 1942年頃のZ6、テオドール・リーデル。幅広で角張った濃いグレーの縞模様が、薄いグレーの基本塗装の地に塗り加えられている。このクラスの艦首の傾斜の角度は緩く、この艦の後部上部構造物の甲板室の屋根の上の2cm高角機関砲単装砲架2基は後に取り外され、同機関砲四連装砲架が装備された。後部煙突後方のプラットフォームに装備されている探照灯も後に取り外され、そこにFuMOレーダーのアンテナが装備された。

2 同じく1942年頃のZ10、ハンス・ロディー。この艦のカムフラージュはZ6ほど変化が激しくなく、艦体の全体に近い前後の長さにわたって中程度のグレーの迷彩パターンが拡がり、一部に濃いグレーのパッチが加わっている。この艦の対空火器はすでに増強が進んでおり、後

ZG3としてドイツ海軍に就役していた元ギリシャ海軍の駆逐艦ヘルメス。この艦はエーゲ海方面で主に船団護衛任務に当たり、時には陸軍部隊の輸送にも使用された。1943年4月21日、同艦はカプリ島附近で英軍の潜水艦スプレンディッドを撃沈した。同年5月7日、チュニジアで爆撃によって大破し、自沈処分された。

ノルウェーのキルケーネス附近を微速航行しているZ10、ハンス・ロディー。この艦はまだ、大戦初期の艦全体にわたる薄いグレー塗装のままである。しかし、艦橋正面のブロンズ製の鷲の紋章は取り外され、舷側のペナントナンバーは塗りつぶされている。

部甲板室の屋根の上には2cm四連装高角機関砲2基が装備されている。後部煙突後方のプラットフォームと艦橋構造の頂部にはレーダーのアンテナが装備されている。

1934A型の駆逐艦は全艦、大体において同じなのだが、どの造船所で建造されたグループの艦であるかを識別する特徴をご紹介しよう。前部煙突の後部には数本の排気パイプが取りつけられているが、その配置が造船所ごとに異なっていたのである。

このページ下段左側の（3）図はZ9からZ13であり、中央に細いパイプ3本が狭い間隔で並び、その左右に広い間隔を置いて太めのパイプ各1本が配置されている。この配置はキールのゲルマニアヴェルフト社造船所で建造された艦の特徴である。右側の（4）図はブレーメンのデシマグ社造船所建造の艦、Z5からZ8までのパイプ配置であり、細いパイプ3本ずつが並ぶ2つのグループが、ある程度の間隔を置いて左右に取りつけられている。

B：ナルヴィク湾での待ち伏せ攻撃

このイラストはドイツ駆逐艦部隊が壊滅した作戦行動の中で、ドイツ側が小さな勝利を得た場面を描いている。1940年4月のナルヴィク攻防海戦の第2段階、4月13日には、英国海軍の駆逐艦7隻が戦艦ウォースパイトの掩護の下にナルヴィク港の正面に進入してきた。行動可能なドイツの駆逐艦4隻は湾外に出て、英軍の戦隊と戦ったが、やがてナルヴィクの北側で東に奥深く延びているロンバーケンフィヨルドに後退した。その中の1隻、ゲオルク・ティーレ（Z2）はフィヨルドの半ば、ストロンメン狭隘部に隠れ、全砲塔と魚雷発射管は即戦体勢を取り、敵を待ち構えた。トライバル級の駆逐艦、エスキモーが狭隘部に進入すると途端に襲いかかり、両艦は撃ち合いながら高速で零距離射撃の間隔ですれ違った。ゲオルク・ティーレは残っていた魚雷2本のうち、1本は故障のため発射管から射出されなかったが、もう1本は発射後、正常に航走して目標に命中し、エスキモーの艦首を吹き飛ばした。ティーレにとっては残念なことに、すぐに弾薬が尽きたために、大破した敵艦に止めを刺すことができなかった。そして、フィヨルドの奥へ後退、海岸に乗り上げた後、敵の手に落ちるのを防ぐために爆破された。

エスキモーは大損害を受けたが、艦の寿命はまだ終わらなかった。周辺のドイツの駆逐艦が掃討された後、この艦は僚艦に護衛され、後進状態の航行で本国に帰還した。

C：1934型

これはドイツ海軍が第一次大戦後に初めて建造した駆逐艦、1934型のイラストである。このクラスの建造は4隻で終わり、改良型である1934A型の建造に移った。

1　Z1、レーベレヒト・マース。このクラスはこの側面図のように艦首は真っ直ぐなスタイルで建造されたが、後の改造の際にわずかに反り上がった形に変更された。塗装は大戦前の艦の典型的な薄いグレーである。初期の駆逐艦の煙突は大きく、独特なスタイルの高い煙突キャップが取りつけられていた。

2　同艦の平面図。この図には左舷の甲板では前部煙突の横から、右舷の甲板では後部煙突の横から、いずれも艦尾まで延びるレールが描かれている。このレールは機雷を後方に運搬するための装備であり、その機雷によってドイツの駆逐艦は大戦の初期に大きな戦果をあげた。甲板、その他の水平な面は濃いグレーの滑り止め材料で塗装されていた。後部煙突の後方には段差のある対空機関砲プラットフォームが配置されている。このプラットフォームの形と位置は艦の型によって異なっている。単装2cm高角機関砲の装備位置も、艦の型ごとに異なっている。このZ1の場合は、この機関砲は後部甲板室の屋根の上と、2番砲塔の左舷と右舷とに装備されている。

3　この囲いの中のイラストは艦後部の俯瞰図である。艦尾は独特な角張った形に造られている。両舷の機雷運搬レールもはっきり描かれている。右舷の舷側から張り出して取りつけられている鋼管の枠組みは、港内で艦の動きによってスクリューが岸壁などに接触するのを防ぐための装置である。

D：Z39の解剖図

この1936A（MOD）型はドイツの駆逐艦のいくつもの型の中で、最もモダンでありスマートである。とはいっても基本的な設計の特徴は、第一次大戦後の最初の型、1934型からあまり変わっていない。甲板の上を艦の前部から後部に向かって見ていこう。艦首に近い両舷の甲板の上縁には錨鎖留め切り欠きがあり、そこに錨が留められている。以前の型では舷側の上部に錨鎖口があり、そこに留められていた。その後方、やや離れた位置に、

斜め後方から見たZ6、テオドール・リーデル。この切り落としたような平面の艦尾は現在の艦では多く見られるが、第二次大戦当時は珍しいものだった。

駆逐艦戦闘バッジ。3回以上の戦闘出撃に参加した乗組員に授与された。きわめてリアルに作られた1936型駆逐艦の艦首の像がモチーフになっている。

駆逐艦の"アントーン"砲塔砲員の任務がどれほど苦しいものなのか、この写真から十分に想像できる。大荒れの海面を航走する艦の上で、風雨に曝されるカバーなしの砲塔後部の縁で、砲員のひとりが少しでも砲塔の中に身を隠そうと努めている。

横に拡がっている波除け材があり、そのすぐ後方に巨大な15cm砲連装砲塔が据えつけられている。この火力は駆逐艦としては一段高いレベルである。砲塔の後方にはオフィスに使われる甲板室があり、その屋根には対空砲が装備されている。2cm高角機関砲四連装の場合もあり、単装の3.7cm、または4cmの大口径機関砲の場合もあった。

　甲板室の背後には大きな箱型の艦橋構造物が組み上げられている。この構造の下の方の部分は無線室、通信暗号処理室、仮眠施設などに当てられ、上部は全体に囲いがついた操舵室となっていて、その両側には覆い無しのウイング構造が張り出している。操舵室の正面の5つの窓のうち2つには回転ワイパー付きの円形窓が取りつけられていた。操舵室の上の覆い無しの艦橋には4m測距儀と、Uボートに装備されていたUZO（水上目標攻撃光学装置）と同様な照準機能双眼鏡が装備され、操舵室両側のウイングには2cm単装機関砲が装備されている。

　その後方には巨大な前部煙突が立っており、その両側には艦載内火艇が搭載されていた。この艇を海面に下ろすのには吊り柱ではなく、前檣の脚柱に取りつけられた起重機（デリック）が使用された。その後方には前部四連装魚雷発射管と後部煙突が続いている。後部煙突の両側のプラットフォームには2cm単装高角機関砲が1門ずつ装備されている。このプラットフォームは後方にも延び、煙突のすぐ後方の位置にはFuMO 63レーダーのアンテナを装備するための高い台が設けられ、その後方の円形の台座には4m測距儀が装備されている。

　後部煙突の後方には後部四連装魚雷発射管と後部の上部構造物が続いている。後者の前端の部分の上には前方向きの2番砲塔（2〜4番砲塔はいずれも15cm砲単装）、後端の上には後方向きの3番砲塔が配置されている。2つの砲塔の間の小さい甲板室は調理人と給什たちの居住区画に当てられており、その屋根の上には2cm四連装機関砲が装備されている。後部上構物の後方、後甲板には後方向きの4番砲塔が配置されている。

　艦の甲板より下の部分、つまり艦内を見ていくと、艦の前甲板の下の部分、2段の甲板レベルの大部分は水兵と下士官の居住区画に当てられており、3段目、最も下のレベルは弾薬庫のスペースになっている。艦橋と前部煙突の真下の部分は、各々第3と第2ボイラー室であり、前部魚雷発射管の下に当たる部分は補助ボイラー室と発電機室である。その後方、第1ボイラー室の位置は後部煙突の下に当たる。それに続いて第2タービン室があり、その後方、後部魚雷発射管の下の位置にはジャイロ室と艦の工作作業室があり、それに続いて第1タービン室がある。後部上部構造物の下に当たる位置の1番目の甲板レベルは、士官の居住区に当てられていて、その下の甲板2段は後部弾薬庫になっている。士官居住区の後方には上級下士官食堂があり、その後方、4番砲塔の下のあたりも下士官兵の居住区になっている。後部上構物自体の中に艦長室と上級士官室がある。

E：1936A型―Z23

1936A型のうちの4隻は1942〜43年に大幅な改造を受けたが、このイラストに示されたZ23はそのうちの1隻である。側面図（1）と平面図（2）は1940年に竣工した時の状態を示している。この艦には前部主砲塔が1基しか装備されていない点に注目されたい。これ以前の1936型までは、前甲板の1番砲塔の後方、艦橋の前の上部構造物の上に2番砲塔が装備されていたが、1936A型ではそれがなくなり、その位置に2cm単装機関砲1基が装備されている。特徴的なクリッパー型の艦首と、後部煙突の両側の対空機関砲プラットフォームのレイアウトにも注目されたい。左舷と右舷の火器の配置は対称的であり、いずれの側にも前方向きの3.7cm連装機関砲1基と後方向きの2cm単装機関砲1基が装備されている。もうひとつ注目していただきたいのは、1934型、1934A型と比較して煙突のデザインにはっきりした変化があることと、煙突キャップが明らかに小さくなっていることである。

大改造の後、このクラスの前甲板には巨大な15cm砲連装砲塔1基が装備され、その後方の対空火器は2cm砲単装1基から同四連装1基に強化された。改造後の状態の詳細は挿入図（3）に描かれている。新しい砲塔によって火力は大幅に強化され、砲員たちを弾片や銃弾、そして波浪など自然条件から護る防護性が高くなった。しかし、残念ながら艦首部の重量増は操艦にマイナスの影響があり、結局、以前と同じ単装砲塔に再改造された。

F：極北での護衛任務

第二次大戦の後半、駆逐艦の大半は極北の海域での任務についていた。ノルウェーの港湾を根拠地とし、北極圏内にまで及ぶ、"北氷洋戦線"での戦いだった。

水上艦艇部隊によるPQ17護衛船団攻撃の計画が失敗に終わった後、ドイツ海軍の大型艦に対するヒットラーの信頼は全面的に消滅した。大型艦を全部スクラップにせよという命令は結局撤回されたが、その後、大型艦の大半はノルウェーのフィヨルド内に留まっていた。英国海軍はこれらの艦が外洋出撃を試みる場合に備えて、大きな兵力をこの方面に配備し続けねばならなかった。

ドイツの大型艦の作戦行動の中で、成功したものの最後のひとつは、1943年9月6日にティルピッツとシャルンホルストが駆逐艦9隻と共にアルタフィヨルドから出撃したスピッツベルゲン島攻撃作戦だった。この作戦は成功したが、短い期間のうちにこの島の支配権は連合軍の手に取り返された。このようにインパクトの低い作戦に戦艦2隻と駆逐艦多数を出撃させたことは、妥当だとは言い難い。しかし、長い期間にわたって狭いフィヨルドの中に活動なしで閉じ込められていたドイツ艦艇の将兵には、出撃して戦闘任務を遂行したこの作戦は大きな士気高揚をもたらした。

この作戦の間の北極海の天候は激烈であり、このイラストには大荒れの海面を頑張って航行しているZ20、カール・ガルシュターの姿が描かれている。この艦の小さい単装砲塔はいずれも後方のカバーがない。このような激しい気象状態の中で、このような砲塔内の配置についている砲員たちの苦労は大変だっただろう。殊に1番砲塔の砲員たちの状態は酷かったに違いない。Z20の後方には巨大なティルピッツの艦影がやや霞んで見える。この小さい駆逐艦はこの巨艦の側面護衛に当たっているのである。

G：1936A（MOD）型

このイラスト（1）と（2）には、ドイツ海軍が建造した駆逐艦の最後のグループの1隻、Z37が描かれている。

この艦の目立ったクリッパー型の艦首と、巨大な15cm砲連装砲塔は建造開始時からの設計によるものであり、就役後の改造によって加えられたものではない。艦首と前部砲塔の後方に各1基装備されている2cm単装高角機関砲に注目されたい。後部甲板室の上にも四連装2cm高角機関砲1基が装備されている。この型では前檣の半ばの位置に独特なスタイルの探照灯プラットフォームが配置され、艦橋構造物の後部、前檣のすぐ前の台の上にFuMOレーダーアンテナが装備されている。

挿入図（3）は1936A（MOD）型の艦橋周辺の詳細俯瞰図である。いわゆる"バルバラ"スタイルのレーダーアレーのついた大型のマットレス型アンテナが、艦橋の後方に配置されている。前檣半ばの位置の探照灯プラットフォームと露天の艦橋の枠内に装備された測距儀にも注目されたい。この測距儀は前甲板の連装砲塔の制御に使用され、後部の2〜4番砲塔は後部煙突の後方に装備された測距儀によって制御される。

大戦前に撮影されたZ20、カール・ガルシュターのすばらしい写真。ペナントナンバー42はこの艦が第4駆逐戦隊の2番艦であることを示している。反りが目立つクリッパー型の艦首は、この1936型とそれ以降の型の標準となった。

◎訳者紹介｜手島 尚（てしま たかし）

1934年沖縄県南大東島生まれ。1957年、慶應義塾大学経済学部卒業後、日本航空に入社。1994年に退職。1960年代から航空関係の記事を執筆し、翻訳も手がける。訳書に『ドイツ空軍戦記』『最後のドイツ空軍』『西部戦線の独空軍』（以上朝日ソノラマ刊）、『ボーイング747を創った男たち』（講談社刊）、『クリムゾンスカイ』（光人社刊）、『ユンカース Ju87 シュトゥーカ 1937-1941 急降下爆撃航空団の戦歴』『第２戦闘航空団リヒトホーフェン』(小社刊)などがある。

オスプレイ・ミリタリー・シリーズ
世界の軍艦イラストレイテッド　6

ドイツ海軍の駆逐艦
1939-1945

発行日	2006年9月10日　初版第１刷
著者	ゴードン・ウィリアムソン
訳者	手島 尚
発行者	小川光二
発行所	株式会社大日本絵画 〒101-0054　東京都千代田区神田錦町１丁目７番地 電話：03-3294-7861 http：//www.kaiga.co.jp
編集	株式会社アートボックス http：//www.modelkasten.com/
装幀・デザイン	八木八重子
印刷/製本	大日本印刷株式会社

©2003 Osprey Publishing Limited
Printed in Japan
ISBN4-499-22917-0　C0076

German Destroyers 1939-45
Gordon Williamson
First Published In Great Britain in 2003,
by Osprey Publishing Ltd, Elms Court,
Chapel Way, Botley Oxford, OX2 9LP.
All Rights Reserved.
Japanese language translation
©2006 Dainippon Kaiga Co., Ltd